● 新・工科系の物理学 ●
TKP-3

工学基礎
電磁気学

佐藤博彦

数理工学社

編者のことば

　21世紀に入っても，工学分野はますます高度に発達しつつある．今後も，工学に基づいた頭脳集約型産業がわが国を支える中心的な力であり続けるであろう．

　工学とはいうまでもなく科学技術の成果と論理に基づいて人間社会に貢献する学問である．工学に共通した基盤の中心には数学と物理学がある．数学はいわば工学における言葉であり，物理学や化学は工学の基本的な道具である．一方で工学が急速に拡大するあまりに，工学の基礎に関する準備をなおざりにしたまま工学を学ぶことをよしとする考え方が広まっているようにも思う．しかし実際には，以前にもまして数学や基礎物理学が工学の中に深く浸透しており，物理学の知識や概念を欠いたまま工学を学ぶことはできなくなっている．例えば弾塑性論や破壊現象，流体現象，様々な電子デバイス，量子エレクトロニクスや量子情報工学の基礎としての量子力学あるいはシミュレーション技術など挙げればきりがない．新しい生命科学，生命工学，脳科学，医療に用いられる計測技術もすべて物理学の成果である．したがって工学の先端に深く関わりたいと願うならば，やはり基礎物理学を工学基礎として学ぶことが必要となる．

　一方，最近の傾向として，高校の課程で物理学を学ばずに大学工学部に進学する学生が多くなっているようである．それを単純に悪いことだというのではなく，大学進学後にレベルを著しく落とすことなく大学の物理学に合流していくことができないだろうかと考えた．

　以上のようないくつかの観点から全体を構成し，工学の諸分野で活躍しておられる方々に執筆をお願いしたのが本ライブラリ「新・工科系の物理学」である．

　全体は3つのグループから構成されている．第I群は，工学部で学ぶための物理学の基礎を十分学んでこなかった学生のための物理学予備「第0巻大学物理学への基礎」と全体を概観する「第1巻物理学概論」である．第II群は，標準的な物理学各分野「力学」「電磁気学」「熱力学・統計力学」「量子力学」「物性物理学」を用意した．量子力学や物性物理学は，現在のところまだ限られた

編者のことば iii

学科でのみ講義が行われているが，しかし 30 年前と比べるとその広がりは著しい．これから 20 年後には，このような物理学を基礎とする工学分野はさらに拡大すると考え，これらも第 II 群に入れた．第 III 群には工学基礎となる物理学の各論的分野または物理学に基礎を置く工学諸分野を配した．いわば第 II 群が縦糸であり，第 III 群が横糸である．数年後にはもっと沢山のものを第 III 群に並べればよかったと思うことがあるかもしれないが，それはむしろ喜ばしいことと考える．また個々の書籍の選択には編者の個人的志向が大きく反映しているかもしれないが，この点については読者諸兄の批判に待ちたい．本ライブラリが，工学の基礎を学ぶ上で，あるいは工学を進める上でいささかでも役に立った，という評価を得られれば編者としてこれにすぐる喜びはない．

2005 年 1 月

編者 藤原毅夫

石井 靖

「新・工科系の物理学」書目一覧	
書目群 I	書目群 III
0 工科系 大学物理学への基礎	A–1 応用物理学
1 工科系 物理学概論	A–2 高分子物理学
書目群 II	A–3 バイオテクノロジーのための物理学
2 工学基礎 力学	A–4 シミュレーション
3 工学基礎 電磁気学	A–5 エネルギーと情報
4 工学基礎 熱力学・統計力学	A–6 物理情報計測
5 工学基礎 量子力学	A–7 エレクトロニクス素子
6 工学基礎 物性物理学	A–8 量子光学と量子情報科学

(A: Advanced)

まえがき

　基礎という言葉には 2 つの意味がある．一つは，高等的なものに対する初等的な (basic) もの，もう一つは応用的なものに対する原理的な (fundamental) ものという意味である．本書は，どちらの「基礎」もこれ一冊だけで学ぶことができる，多少欲張った教科書を目指した．

　進歩が著しい最先端の工学にたどり着くために，電磁気学を短時間で吸収する必要に迫られている読者も多いと思う．そこで，本書の前半は，ベクトル解析の知識がなくても読み進められる構成とし，クーロンの法則，ガウスの法則，アンペールの法則，ファラデーの法則などの基本法則を最短で理解することを目標とした．とはいえ，表面的な知識だけで終わらないために，具体的な例題を解きながら，微積分を用いて法則を深く理解できるように工夫した．電荷は実在するが「磁荷」は幻に過ぎないというのが現代物理学の常識であるが，入門の段階で磁気と電気の類似性を利用しないのはもったいない．そこで，本書では誘電体の次に磁性体を取り上げた．個々の法則に慣れ，全体を俯瞰する視野が得られてから，それらがマクスウェルの方程式というシンプルな 4 つの方程式に集約されることを示し，まずは「初等的」な教科書としての役割を終える．

　しかし，電磁気学の本当の物語はそこから始まる．9 章の後半以降でそのことを伝えるのが本書の第二の役割である．19 世紀後半に電磁気学を完成させたマクスウェルは，すでに発見されていた個々の法則を 4 つの微分方程式にまとめただけにすぎない．しかし，全ての電磁気学的現象が電場や磁場のもつ局所的な性質に帰着できることを明確にしたという意味で，これは画期的なことであった．その視点に立てば，電荷や電流の情報は電磁波という波動が有限の速さで伝えていることが自然に導かれる．

　このように純粋な理論的考察から予言された電磁波はヘルツによりその存在が確かめられ，その後はテレビや携帯電話など私たちの日常生活に欠かせないものとなっている．しかし，そのような人工的なものを持ち出さなくとも，人類は昔から当たり前のように電磁波の一種である光を見ながら暮らしていた．

まえがき

マクスウェルの理論は，それまで関連がないと思われていた光学を電磁気学と結びつけるという思わぬ副産物をもたらした．

　真空中を伝わる光の速さがどのような観測者にとっても同じであるという事実を矛盾なく説明するため，アインシュタインは静止している人と運動している人に共通の時間が流れるという常識を捨て去り，相対性理論をつくった．驚くべきことに，相対性理論の出現後もマクスウェルの方程式の正しさは失われなかった．本人はそれを意識せずとも，マクスウェルが作りあげた理論にはすでに相対性理論が含まれていたからである．相対性理論は，一昔前まではSF小説に登場する程度であったが，現在では日常生活と深くかかわっている．一例を挙げると，相対性理論の助けなしではGPS衛星からの信号をもとに正確な位置を求めることすらできない．本書ではいまや工学系の技術者でも常識として身につけるべき相対性理論について1章を割いている．

　本書を独学で読む人のために，ベクトル解析の基礎も付録につけた．また，講義の教科書として使用することも想定し，14章立ての構成とした．多くの大学では，半期分の講義は14週で行われることが多いからである．もちろん，専門分野によっては不要な箇所や，丁寧に説明した方がいい部分もあるので，必ずしも1コマで1章ということにこだわっているわけではない．

　本書が工学の入門書という枠を越え，読者が物理学の美しい理論体系に興味をもっていただく機会の一助となれば，筆者のこの上ない喜びである．

　本書の執筆にあたり心がけたのは，他の教科書や文献を見るのは最小限にとどめ，自分の頭の中にあるものを文章にするということである．満員電車で思いついたことを慌ててスマホに書き留めたり，夢の中で考え続けたりすることもあったが，執筆の作業は実に楽しいものであった．このような機会を与えてくださり，数々の助言をくださった藤原毅夫先生，石井靖先生に感謝いたします．また，執筆にあたっては数理工学社の田島伸彦氏，鈴木綾子氏，馬越春樹氏にもお世話になりました．最後に，いつも支えてくれた家族に感謝します．

2019年6月

佐藤　博彦

目　　　次

第1章　静電場と電位　　　1

　　1.1　クーロンの法則 …………………………………………… 2

　　1.2　電　　　場 ……………………………………………………… 4

　　1.3　重ね合わせの原理 ……………………………………… 6

　　1.4　電　　　位 ……………………………………………………… 10

　　1章の問題 ………………………………………………………… 15

第2章　ガウスの法則　　　17

　　2.1　電　　　束 ……………………………………………………… 18

　　2.2　ガウスの法則 ……………………………………………… 22

　　2.3　対称性を利用した考察 ……………………………… 24

　　2.4　コンデンサー ………………………………………………… 26

　　2章の問題 ………………………………………………………… 27

第3章　物質中の電場　　　29

　　3.1　導体の性質 …………………………………………………… 30

　　3.2　電気双極子 …………………………………………………… 33

　　3.3　誘　電　分　極 ………………………………………………… 35

　　3.4　誘電体の性質 ……………………………………………… 38

　　3章の問題 ………………………………………………………… 40

第4章　磁場と磁性体　　　41

　　4.1　磁気に関するクーロンの法則 …………………………… 42

　　4.2　磁　　　束 ……………………………………………………… 44

　　4.3　磁気双極子 …………………………………………………… 45

　　4.4　磁　　　化 ……………………………………………………… 47

目 次 vii

4.5 常 磁 性 体 ……………………………………………… 49

4.6 反 磁 性 体 ……………………………………………… 50

4.7 強 磁 性 体 ……………………………………………… 51

4章の問題 ………………………………………………… 52

第5章 電流と電気抵抗 53

5.1 電 流 …………………………………………………… 54

5.2 変 位 電 流 ……………………………………………… 57

5.3 電気抵抗とオームの法則 ……………………………… 58

5.4 電力とジュール熱 ……………………………………… 62

5章の問題 ………………………………………………… 62

第6章 電流がつくる磁場 63

6.1 ビオ–サバールの法則 ………………………………… 64

6.2 アンペールの法則 ……………………………………… 67

6.3 ビオ–サバールの法則からアンペールの法則を導く ………… 68

6.4 対称性を利用した考察 ………………………………… 71

6.5 微小円電流と磁気双極子 ……………………………… 73

6章の問題 ………………………………………………… 75

第7章 ローレンツ力とファラデーの電磁誘導 77

7.1 電流が受ける力 ………………………………………… 78

7.2 ローレンツ力 …………………………………………… 81

7.3 ホール効果 ……………………………………………… 84

7.4 ファラデーの電磁誘導 ………………………………… 86

7.5 発 電 機 ………………………………………………… 88

7.6 自 己 誘 導 ……………………………………………… 89

7.7 相 互 誘 導 ……………………………………………… 91

7.8 ローレンツ力による起電力 …………………………… 93

7章の問題 ………………………………………………… 94

viii 目　　次

第8章　電気回路　　95

8.1　キルヒホッフの法則 ……………………………………………… 96

8.2　抵抗，静電容量，自己インダクタンス …………………………… 97

8.3　合成抵抗 …………………………………………………………… 98

8.4　回路と微分方程式 ………………………………………………… 100

8.5　交流回路 …………………………………………………………… 103

8.6　交流回路の消費電力 ……………………………………………… 107

8章の問題 ……………………………………………………………… 109

第9章　マクスウェルの方程式　　111

9.1　マクスウェルの方程式 …………………………………………… 112

9.2　電荷保存則の微分形 ……………………………………………… 114

9.3　電場と電束密度，磁場と磁束密度の関係 ……………………… 115

9.4　ポアソン方程式 …………………………………………………… 117

9.5　点電荷の電位 ……………………………………………………… 118

9.6　ベクトルポテンシャル …………………………………………… 120

9.7　ビオ–サバールの法則の導出 …………………………………… 122

9.8　ローレンツゲージによるマクスウェルの方程式 ……………… 123

9章の問題 ……………………………………………………………… 124

第10章　場のエネルギー　　125

10.1　電場が蓄えるエネルギー ………………………………………… 126

10.2　磁場が蓄えるエネルギー ………………………………………… 129

10.3　ポインティングベクトル ………………………………………… 131

10.4　場のエネルギーとクーロンの法則 ……………………………… 132

10.5　電場が電荷に及ぼす力 …………………………………………… 135

10章の問題 …………………………………………………………… 137

第11章　マクスウェルの応力　　139

11.1　変形によるエネルギー変化と力 ………………………………… 140

11.2　マクスウェルの応力 ……………………………………………… 142

11.3　マクスウェルの応力のつり合い ………………………………… 147

目　　次　　　　　ix

11.4　静電場中の球殻電荷に及ぼされるマクスウェルの応力 ·········· 150

11.5　磁場が電流に及ぼす力 ························· 152

11 章の問題 ······················· 153

第12章　電　磁　波　　155

12.1　電　磁　波 ···················· 156

12.2　さまざまな電磁波 ··················· 161

12.3　偏　　　光 ····················· 162

12.4　反射と屈折 ····················· 163

12.5　偏光と屈折 ····················· 168

12.6　電磁波の減衰 ··················· 171

12 章の問題 ······················ 172

第13章　電磁波の放射と散乱　　173

13.1　電磁波の分散 ··················· 174

13.2　金属中の電磁波 ·················· 176

13.3　遅延ポテンシャル ·················· 178

13.4　双極子放射 ····················· 181

13.5　電磁波の散乱 ··················· 187

13 章の問題 ······················ 190

第14章　相対性理論と電磁気学　　191

14.1　ガリレイ変換 ··················· 192

14.2　光速不変の原理 ·················· 194

14.3　ローレンツ変換 ·················· 195

14.4　共変ベクトルと反変ベクトル ············ 199

14.5　ニュートン力学の改良と 4 元運動量 ········· 203

14.6　電磁気学におけるローレンツ変換 ·········· 205

14.7　電磁場のローレンツ変換 ·············· 207

14 章の問題 ······················ 209

x 目　　次

▌付録 A　ベクトル解析の初歩　210

A.1　スカラー場 ……………………………………………………… 210

A.2　ベクトル場 ……………………………………………………… 210

A.3　勾　　　配 ……………………………………………………… 210

A.4　発　　　散 ……………………………………………………… 213

A.5　連続の方程式 …………………………………………………… 215

A.6　ガウスの定理 …………………………………………………… 215

A.7　回　　　転 ……………………………………………………… 217

A.8　ストークスの定理 ……………………………………………… 219

A.9　ベクトル解析の恒等式 ………………………………………… 220

▌付録 B　主な物理定数と主な物質の物理量　221

▌演習問題略解　222

▌索　　　引　239

1 静電場と電位

　電荷，すなわち電気を帯びた物体どうしには，互いに離れていて
も引力や斥力がはたらく．これは空間を飛び越えて互いに影響を及
ぼす遠隔作用の存在を示しているようにも思える．その一方で，電
荷が近くの空間を変化させ，その変化を空間が次々伝え，別の電荷
がそれを感じとるという近接作用による解釈もできる．

　電磁気学の勉強を進めていくと，後者の考え方が正しいことがい
ずれ明らかになる．そのため，まずは電荷による「空間」の変化であ
る電場というものを正しく理解することが必要になる．さらに，電
場をより簡潔に表現するための電位というものについても学ぶ必要
がある．電場や電位は直接見ることができないが，できるだけ正し
いイメージをもっておくことが，電磁気学全体の理解に役に立つ．

1章で学ぶ概念・キーワード
- 電荷
- クーロンの法則
- 電場
- 重ね合わせの原理
- 電位

1.1 クーロンの法則

布でこすったプラスチックの板が紙を引き付けるように，**電気**を帯びた物体どうしに力がはたらく現象は**静電気現象**として知られている．物体が電気を帯びることを**帯電**といい，帯びた電気の量を**電荷**あるいは**電気量**という．電荷の単位は**クーロン**（C）である．電荷の符号は正にも負にもなりうる．正電荷どうしや負電荷どうしには互いにしりぞけようとする**斥力**が，正負の電荷の間には互いに引き付け合う**引力**がはたらく．

電荷を帯びた，体積が無視できる粒子を**荷電粒子**あるいは**点電荷**という．1785年，クーロン（1736–1806）は，電気量 q_1, q_2 の荷電粒子が互いに距離 r [m] 離れて静止しているとき，それらの間に，

$$F = \frac{1}{4\pi\varepsilon} \frac{q_1 q_2}{r^2} \tag{1.1}$$

という大きさの力 F [N] がはたらくことを明らかにした．（本書では向きをもたないスカラー量を「大きさ」とよぶことがある．大きさは常に正とは限らない．）これを**クーロンの法則**といい，はたらく力を**クーロン力**という．力の向きは2つの電荷を結ぶ直線と平行であり，$F > 0$ の場合は斥力，$F < 0$ の場合は引力を意味する（図1.1）．正の定数 ε を**誘電率**といい，電荷を取り囲んでいる物質に依存する．物質が存在しない場合の誘電率を**真空の誘電率**といい，ε_0 と書く．ε_0 の値は

$$8.854 \times 10^{-12} \text{ C}^2 \text{ N}^{-1} \text{ m}^{-2}$$

である．誘電率の単位として**ファラッド毎メートル**（F/m）を用いることもあ

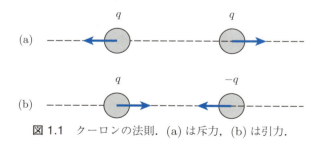

図 1.1 クーロンの法則．(a) は斥力，(b) は引力．

る．物質の誘電率を真空の誘電率で割った値

$$\varepsilon_r = \frac{\varepsilon}{\varepsilon_0}$$

を**比誘電率**という．

　クーロンという単位は，日常の感覚とはかけ離れた非常に大きな電気量を表す．例えば 1 C の電荷どうしが互いに 1 m 離れて存在する場合，9×10^9 N 程度の反発力がはたらく．これは 10 万トンの物体にはたらく重力と同程度である．力が距離の 2 乗に反比例するという点では，クーロンの法則は万有引力の法則に似ている．しかし，電荷は正にも負にもなることができ，同符号の電荷どうしには斥力，異符号の電荷どうしには引力がはたらくことが万有引力と異なる．

📖　万有引力とクーロン力

　距離 r 離れている質量 m_1, m_2 の物体どうしには，大きさ

$$F = G\frac{m_1 m_2}{r^2}$$

の万有引力がはたらく．ここで G は万有引力定数であり，その値は 6.673×10^{-11} m³/kg·s² である．電子どうしにはたらくクーロン力と万有引力は，どちらも距離の 2 乗に反比例する大きさの力である．ところが，クーロン力に比べると万有引力の大きさは 43 桁も小さく，ほとんど無視することができる．クーロン力は電荷の符号に応じて引力にも斥力にもなり得るので，正負の荷電粒子が多数集まって中性の物体を形成するにしたがって，打ち消し合っていく．一方，質量は常に正で，打ち消し合うことなく加算されていくので，物体が巨大になれば万有引力も無視できなくなる．その結果，例えば地球や太陽のような天体どうしにはたらく力を考える場合には，万有引力のみを考えればよいことになる．

1.2 電　　場

クーロンの法則を向きも含めて表してみよう．ここでは，2つの電荷を Q, q と表し，電荷 Q を原点に固定する．電荷 q の位置ベクトルを $\boldsymbol{r}$ とし，q にはたらく力をベクトルで $\boldsymbol{F}$ と表すと，

$$\boldsymbol{F} = \frac{1}{4\pi\varepsilon} \frac{qQ}{r^2} \frac{\boldsymbol{r}}{r} \tag{1.2}$$

と書くことができる．ここで $|\boldsymbol{r}| = r$ とした．クーロンの法則は，離れた電荷どうしが相手の存在を感じて直接力を及ぼし合う**遠隔作用**の存在を示しているようにもみえるが，実際には**近接作用**の立場から理解すべきであることが後に明らかになる．以下，詳しく考察していこう．

まず，電荷が存在すると，それが原因でまわりの空間に**ベクトル場**が発生すると考えてみる．ベクトル場は空間のあらゆる場所に矢印が「生えた」ものだと想像すればよい（図1.2）．このベクトル場を**電場**あるいは**電界**とよぶ．電荷 Q が原点にある場合，位置 $\boldsymbol{r}$ における電場は

$$\boldsymbol{E}(\boldsymbol{r}) = \frac{1}{4\pi\varepsilon} \frac{Q}{r^2} \frac{\boldsymbol{r}}{r} \tag{1.3}$$

である．この式では $\boldsymbol{r}$ は空間の任意の場所を意味する．

このような電場が存在するときに，たまたま位置 $\boldsymbol{r}$（この場合は特定の位置を意味する）にいる別の電荷 q が

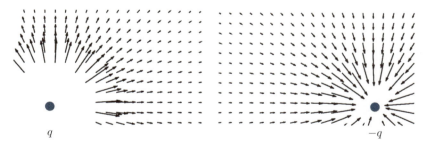

図 1.2　電場の一例．電場は空間に矢印が「生えた」ベクトル場である．電荷の近傍の電場は矢印が長くなり過ぎるため，省略している．

$$\boldsymbol{F} = q\boldsymbol{E}(\boldsymbol{r}) \tag{1.4}$$

という力を受けると考えても，式 (1.1) のクーロンの法則を説明できる．

例えるなら，水平に張られた薄いゴム膜に金属球を置くと，広範囲にわたって周囲のゴム膜が凹む．この凹みが電場に相当する．その金属球から離れた場所に別の金属球（こちらはゴム膜を凹ますはたらきがないとする）を置くと，低い方へ転がろうとするので，結果として金属球どうしに引力がはたらいているように見える．電場の単位は**ニュートン毎クーロン**（N/C），または**ボルト毎メートル**（V/m）である．また，時間的に変化しない電場を**静電場**，どの場所でも一定の電場を**一様電場**という．

以上の説明だと，電荷 Q は電場を発生させるだけ，電荷 q は電場を感じるだけという役割分担があるように思えてしまう．しかし，実際にはどちらの電荷も電場を発生させ，電場を感じる．ただ，自分が発生した電場は自分自身に力を与えることはない．そのため，クーロン力を考える際には自分が発生させている電場のことは無視してもかまわないのである．もちろん，本来は全ての電荷がつくる電場を考慮に入れてクーロン力の起源を考察すべきである．その詳細については 10 章でふれる．

1.3 重ね合わせの原理

複数の電荷がつくる電場は，それぞれの電荷がつくる電場のベクトル和になる．これを**重ね合わせの原理**という．例えば，位置 $\boldsymbol{r}_j$ に電荷 q_j（ただし $j = 1, \ldots, N$）がある場合，位置 $\boldsymbol{r}$ に発生する電場は

$$\boldsymbol{E}(\boldsymbol{r}) = \frac{1}{4\pi\varepsilon} \sum_{j=1}^{N} \frac{q_j\,(\boldsymbol{r} - \boldsymbol{r}_j)}{|\boldsymbol{r} - \boldsymbol{r}_j|^3} \tag{1.5}$$

と書くことができる．2つの電荷がつくる電場の例を図1.3に示す．

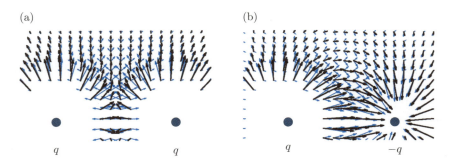

図 1.3 2つの電荷がつくる電場（黒）は，それぞれがつくる電場（青）をベクトル的に足し合わせたものである．(a) は正電荷どうし，(b) は正電荷と負電荷の場合．

電荷が連続的に分布している場合にも重ね合わせの原理を適用することができる．例えば位置 $\boldsymbol{s}$ のまわりの微小体積 dV の中に含まれる電荷が $\rho(\boldsymbol{s})\,dV$ であるとき，$\rho(\boldsymbol{s})$ を**電荷密度**という．このとき位置 $\boldsymbol{r}$ における電場は，積分変数を $\boldsymbol{s}$ として

$$\boldsymbol{E}(\boldsymbol{r}) = \frac{1}{4\pi\varepsilon} \iiint \frac{\rho(\boldsymbol{s})(\boldsymbol{r} - \boldsymbol{s})}{|\boldsymbol{r} - \boldsymbol{s}|^3}\,dV \tag{1.6}$$

で与えられる．同様に微小面積 dS あたりの電荷が $\sigma(\boldsymbol{s})\,dS$ なら

$$\boldsymbol{E}(\boldsymbol{r}) = \frac{1}{4\pi\varepsilon} \iint \frac{\sigma(\boldsymbol{s})(\boldsymbol{r} - \boldsymbol{s})}{|\boldsymbol{r} - \boldsymbol{s}|^3}\,dS \tag{1.7}$$

1.3 重ね合わせの原理

微小長さ dl あたりの電荷が $\eta(\boldsymbol{s})\,dl$ なら

$$\boldsymbol{E}(\boldsymbol{r}) = \frac{1}{4\pi\varepsilon} \int \frac{\eta(\boldsymbol{s})(\boldsymbol{r}-\boldsymbol{s})}{|\boldsymbol{r}-\boldsymbol{s}|^3}\,dl \tag{1.8}$$

により電場が計算できる．$\sigma(\boldsymbol{s}), \eta(\boldsymbol{s})$ をそれぞれ電荷の**面密度**，**線密度**とよぶ．

例題 1.1

一様に帯電した無限に長い直線が，距離 d 離れた場所につくる電場を計算しなさい．電荷の線密度を η とする．

【解答】 直線を z 軸に置き観測点を $(d, 0, 0)$ とすると，観測点における電場の各成分は，

$$E_x = \int_{-\infty}^{+\infty} \frac{\eta}{4\pi\varepsilon} \frac{d}{(z^2+d^2)^{\frac{3}{2}}}\,dz \tag{1.9}$$

$$E_y = 0 \tag{1.10}$$

$$E_z = \int_{-\infty}^{+\infty} \frac{\eta}{4\pi\varepsilon} \frac{-z}{(z^2+d^2)^{\frac{3}{2}}}\,dz \tag{1.11}$$

となる（図 1.4）．E_z の積分は被積分関数が奇関数なので 0 になる．E_x の積分で $z = d\tan\theta$ と変数変換すると

$$E_x = 2\frac{\eta}{4\pi\varepsilon d}\int_0^{\frac{\pi}{2}} \cos\theta\,d\theta = \frac{\eta}{2\pi\varepsilon d} \tag{1.12}$$

となる．このことから，直線電荷による電場は観測点から直線に下ろした垂線に平行で，その大きさは直線からの距離に反比例することがわかる．

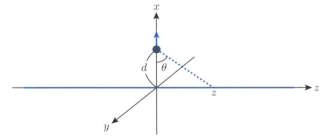

図 1.4 一様に帯電した直線状の電荷がつくる電場．

次に，面積分を利用した例を考えてみよう．図 1.5 のように一様に帯電した半径 R の円板があり，電荷の面密度を σ とする．この円板の中心軸上にあり，面から d 離れた場所における電場を求めてみよう．円板は xy 平面上にあるとし，円板上の位置を $(r\cos\phi, r\sin\phi, 0)$，観測点を $(0, 0, d)$ とする．観測点における電場の各成分は，微小面積要素が

$$dS = r\, dr d\phi$$

であることを用いると

$$E_x = \frac{\sigma}{4\pi\varepsilon} \int_0^{2\pi} \int_0^R \frac{-r\cos\phi}{(r^2+d^2)^{\frac{3}{2}}} \, r\, drd\phi \tag{1.13}$$

$$E_y = \frac{\sigma}{4\pi\varepsilon} \int_0^{2\pi} \int_0^R \frac{-r\sin\phi}{(r^2+d^2)^{\frac{3}{2}}} \, r\, drd\phi \tag{1.14}$$

$$E_z = \frac{\sigma}{4\pi\varepsilon} \int_0^{2\pi} \int_0^R \frac{d}{(r^2+d^2)^{\frac{3}{2}}} \, r\, drd\phi \tag{1.15}$$

となる．このうち E_x と E_y は ϕ で積分すると 0 になる．$r = d\tan\theta$ と変数変換し，$R = d\tan\theta_1$ とすると E_z は

$$\begin{aligned}
E_z &= \frac{2\pi\sigma}{4\pi\varepsilon} \int_0^{\theta_1} \sin\theta \, d\theta \\
&= \frac{\sigma}{2\varepsilon}(1-\cos\theta_1) \\
&= \frac{\sigma}{2\varepsilon}\left(1 - \frac{d}{\sqrt{d^2+R^2}}\right)
\end{aligned} \tag{1.16}$$

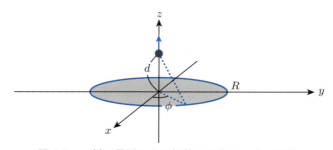

図 1.5 一様に帯電した円板状の電荷がつくる電場．

1.3 重ね合わせの原理

となる．この式で $d \gg R$ とし，$|t| \ll 1$ での近似式

$$(1 + t)^{-\frac{1}{2}} \approx 1 - \frac{1}{2}t$$

を用いると，十分離れた位置での E_z の値は

$$E_z \approx \frac{\sigma}{2\varepsilon} \left\{ 1 - \left(1 - \frac{d^2}{2R^2} \right) \right\}$$
$$= \frac{\sigma R^2}{4\varepsilon d^2} = \frac{\sigma \pi R^2}{4\pi \varepsilon d^2} \tag{1.17}$$

となる．これは電気量が $\sigma \pi R^2$ の点電荷がつくる電場の大きさに等しい．その理由は，遠くから見れば円板が点電荷のように見えるからである．

例題 1.2

電荷面密度が σ の無限に広い平面がつくる電場を求めなさい．

【解答】 求める電場は，式 (1.16) で $R \to +\infty$ とおいたものなので，

$$E_z = \frac{\sigma}{2\varepsilon} \tag{1.18}$$

と求まる．電場の向きは面に垂直で，大きさは面からの距離によらない． ■

10　　　　　　　　　第 1 章　静電場と電位

1.4　電　　　位

電荷がつくる静電場 $\boldsymbol{E}(\boldsymbol{r})$ は，スカラー場 $\phi(\boldsymbol{r})$ の**勾配**を用いて

$$\boldsymbol{E}(\boldsymbol{r}) = -\nabla \phi(\boldsymbol{r}) \tag{1.19}$$

のように表すことができる．勾配に関しては付録を参照されたい．このスカラー場 $\phi(\boldsymbol{r})$ を**電位**という．電位の単位は**ボルト**（V）である．演算子

$$\nabla = \left(\frac{\partial}{\partial x}, \frac{\partial}{\partial y}, \frac{\partial}{\partial z} \right)$$

は長さの次元をもつので電場の単位は V/m と表すこともできる．

例題 1.3

付録 A の式 (A.12) によれば，電場がスカラー場の勾配で表現できるための条件として

$$\frac{\partial E_x}{\partial y} = \frac{\partial E_y}{\partial x}, \quad \frac{\partial E_y}{\partial z} = \frac{\partial E_z}{\partial y}, \quad \frac{\partial E_z}{\partial x} = \frac{\partial E_x}{\partial z} \tag{1.20}$$

が必要である．点電荷がつくる電場がこれらを満たすことを示しなさい．

【解答】　式 (1.3) の点電荷による電場の式を代入すると，

$$\frac{\partial E_x}{\partial y} = \frac{Qx}{4\pi\varepsilon} \frac{\partial}{\partial y} \left(\frac{1}{r^3} \right) = -3 \frac{Qx}{4\pi\varepsilon} \frac{y}{r^5} \tag{1.21}$$

$$\frac{\partial E_y}{\partial x} = \frac{Qy}{4\pi\varepsilon} \frac{\partial}{\partial x} \left(\frac{1}{r^3} \right) = -3 \frac{Qy}{4\pi\varepsilon} \frac{x}{r^5} \tag{1.22}$$

となり，これらは等しい．他の成分についても同様である．　　　　　■

　次に，静電場が与えられた場合に電位を計算してみよう．微小変位に伴う電位の変化は

$$d\phi = \phi(\boldsymbol{r} + d\boldsymbol{r}) - \phi(\boldsymbol{r}) = \nabla\phi \cdot d\boldsymbol{r} = -\boldsymbol{E} \cdot d\boldsymbol{r} \tag{1.23}$$

と書ける．両辺を積分すれば，

$$-\int_{\boldsymbol{r}_1}^{\boldsymbol{r}_2} \boldsymbol{E} \cdot d\boldsymbol{r} = \int_{\boldsymbol{r}_1}^{\boldsymbol{r}_2} d\phi = \phi(\boldsymbol{r}_2) - \phi(\boldsymbol{r}_1) \tag{1.24}$$

1.4 電 位　　　　**11**

となる．この積分は位置 r_1 から位置 r_2 に至る経路に沿った線積分である．右辺は最初の位置と最後の位置における電位の差なので，積分経路に依存しない．この式からは電位差しか得られず，電位そのものは求まらない．そこで，電荷から無限に遠い場所（**無限遠**）の電位は 0 であると定める．式 (1.24) で r_2 を無限遠の点 r_∞ に，r_1 を r に，積分変数を s に書き直すと，位置 r における電位は

$$\phi(\boldsymbol{r}) = \int_r^{r_\infty} \boldsymbol{E}(\boldsymbol{s}) \cdot d\boldsymbol{s} \tag{1.25}$$

と書くことができる．これに式 (1.3) で表される電場を代入すると，位置 r における電位は

$$\begin{aligned}
\phi(\boldsymbol{r}) &= \frac{Q}{4\pi\varepsilon} \int_r^{r_\infty} \frac{\boldsymbol{s}}{s^3} \cdot d\boldsymbol{s} = \frac{Q}{4\pi\varepsilon} \int_r^{r_\infty} \frac{\boldsymbol{s}}{s^3} \cdot (d\boldsymbol{s}_{/\!/} + d\boldsymbol{s}_\perp) \\
&= \frac{Q}{4\pi\varepsilon} \int_r^{r_\infty} \frac{\boldsymbol{s}}{s^3} \cdot d\boldsymbol{s}_{/\!/} = \frac{Q}{4\pi\varepsilon} \int_r^{+\infty} \frac{1}{s^2} \, ds \\
&= \frac{Q}{4\pi\varepsilon} \frac{1}{r}
\end{aligned} \tag{1.26}$$

となる．この積分では $d\boldsymbol{s} = d\boldsymbol{s}_{/\!/} + d\boldsymbol{s}_\perp$ のように微小変位を s に平行な成分と垂直な成分に分け，平行な成分の積分だけが生き残ることを用いた．以上より，点電荷 Q から距離 r 離れた位置における電位は

$$\phi(r) = \frac{Q}{4\pi\varepsilon} \frac{1}{r} \tag{1.27}$$

と表すことができる．

例題 1.4

式 (1.26) で求めた電位の勾配を計算し，式 (1.3) の電場が得られることを確認しなさい．

【解答】

$$\begin{aligned}
\boldsymbol{E}(\boldsymbol{r}) &= -\nabla\phi(\boldsymbol{r}) = -\frac{Q}{4\pi\varepsilon_0} \left(\frac{\partial}{\partial x}\left(\frac{1}{r}\right), \frac{\partial}{\partial y}\left(\frac{1}{r}\right), \frac{\partial}{\partial z}\left(\frac{1}{r}\right) \right) \\
&= -\frac{Q}{4\pi\varepsilon_0} \left(-\frac{x}{r^3}, -\frac{y}{r^3}, -\frac{z}{r^3} \right) = \frac{Q}{4\pi\varepsilon_0} \frac{\boldsymbol{r}}{|\boldsymbol{r}|^3}
\end{aligned} \tag{1.28}$$

式 (1.25) の両辺に電荷 q をかけると，$q\boldsymbol{E}$ は電荷にはたらく力 $\boldsymbol{F}$ なので

$$q\phi(\boldsymbol{r}) = \int_r^{r_\infty} q\boldsymbol{E}(\boldsymbol{s}) \cdot d\boldsymbol{s} = \int_r^{r_\infty} \boldsymbol{F}(\boldsymbol{s}) \cdot d\boldsymbol{s} \tag{1.29}$$

となる．右辺は位置 $\boldsymbol{r}$ から無限遠まで電荷が移動する際に電場による力がしうる仕事，すなわち，無限遠での値を 0 とした場合の電荷 q の**ポテンシャルエネルギー（位置エネルギー）**を表す．エネルギーの単位は**ジュール**（J）なので，単位の間には [C V] = [J] という関係がある．

同じ電位の場所でも，そこにどんな電荷を置くかによって，その電荷のポテンシャルエネルギーは異なる．例えば，電位が高い場所に正電荷を置くとポテンシャルエネルギーは高いが，負電荷を置くとポテンシャルエネルギーは低い．つまり電位が高い場所は正電荷にとっては居心地が悪いが，負電荷にとっては居心地がよいことになる．

式 (1.24) で $\boldsymbol{r}_1 = \boldsymbol{r}_2$ とおくと，静電場に対しては

$$\oint \boldsymbol{E} \cdot d\boldsymbol{r} = 0 \tag{1.30}$$

が常に成り立つことがわかる（図 1.6）．ここで積分記号 $\oint$ は一周して元に戻る**閉じた経路**に沿った積分を意味する．

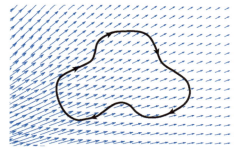

図 1.6 静電場を図のような閉じた経路に沿って線積分すると必ず 0 になる．

1.4 電位

例題 1.5

電位が ϕ_1 の位置に静止していた質量 m の電荷 q が、電場により加速されて電位が ϕ_2 の位置に移動した。移動後の電荷の速さを求めなさい。

【解答】 速さを v とすると、エネルギー保存の法則より

$$q(\phi_1 - \phi_2) = \frac{1}{2}mv^2 \tag{1.31}$$

であるので、

$$v = \sqrt{\frac{2q(\phi_1 - \phi_2)}{m}} \tag{1.32}$$

となる。 ∎

電位についても重ね合わせの原理が成り立つ。例えば N 個の点電荷が存在しているとき、全電荷による電位は

$$\phi = \sum_{j=1}^{N} \phi_j$$

となる。ここで ϕ_j は仮に j 番目だけの電荷だけが存在している場合の電位である。電荷が連続的に分布していて、位置 $\boldsymbol{s}$ における電荷密度が $\rho(\boldsymbol{s})$ の場合、位置 $\boldsymbol{r}$ における電位は

$$\phi(\boldsymbol{r}) = \frac{1}{4\pi\varepsilon_0} \iiint \frac{\rho(\boldsymbol{s})}{|\boldsymbol{r}-\boldsymbol{s}|} dV \tag{1.33}$$

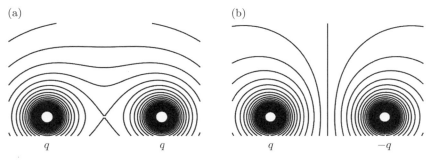

図 1.7 等電位面の一例。同符号の電荷がつくる電位の等電位面 (a) と異符号の電荷がつくる電位の等電位面 (b).

14   第1章　静電場と電位

である.

　電位が一定である点の集合は面を形成する. これを**等電位面**という. 例えば点電荷に対する等電位面は球面であり, 無限に広い板に一様に分布した電荷がつくる等電位面は平面である. 2つの電荷が存在する場合の等電位面を図 1.7 に示す. 等電位面上の微小変位 $d\boldsymbol{r}$ は, 式 (1.23) において $d\phi = 0$ を満たすので, その場合は必ず $\boldsymbol{E} \cdot d\boldsymbol{r} = 0$ である. これは等電位面と電場が必ず垂直に交わることを示す.

例題 1.6

　半径 a の球殻に一様に電荷が分布している. 電荷面密度を σ とするとき, 球殻の内側および外側の任意の位置における電位を求めなさい.

【解答】　電位の観測点を $(0, 0, r)$ とする. このとき, 位置

$$(a \sin\theta \cos\phi, a \sin\theta \sin\phi, a \cos\theta) \tag{1.34}$$

の球殻の微小面積要素が観測点につくる電位は余弦定理を利用すると

$$\frac{1}{4\pi\varepsilon} \frac{\sigma}{\sqrt{a^2 + r^2 - 2ar\cos\theta}} a^2 \sin\theta \, d\theta d\phi \tag{1.35}$$

なので, これを積分した

$$\frac{\sigma a^2}{4\pi\varepsilon} \int_0^{2\pi} \int_0^{\pi} (a^2 + r^2 - 2ar\cos\theta)^{-\frac{1}{2}} \sin\theta \, d\theta d\phi \tag{1.36}$$

が求める電位である. ここで $u = a^2 + r^2 - 2ar\cos\theta$ と変数変換すると $du = 2ar \times \sin\theta \, d\theta$ であるので, 電位は

$$\frac{\sigma a}{4r\varepsilon} \int_{(a-r)^2}^{(a+r)^2} u^{-\frac{1}{2}} \, du = \frac{\sigma a}{2r\varepsilon} \left(|a+r| - |a-r| \right) \tag{1.37}$$

となる. $r > a$ の場合, 電位は

$$\frac{\sigma a^2}{r\varepsilon} = \frac{4\pi a^2 \sigma}{4\pi\varepsilon r} \tag{1.38}$$

となる. つまり, 球殻の外側の電位は球の中心に全電荷が集中しているとした場合と等しい. $r < a$ の場合, 電位は

$$\frac{\sigma a}{\varepsilon} \tag{1.39}$$

となり, 位置によらず一定である. ∎

電気回路においては異なる場所における電位の差を**電圧**とよび，それは**電圧計**で測ることができる．電圧は電荷の移動をうながす駆動力を生じる．電圧を発生させる装置の一つに**電池**がある．電池は化学反応を利用して，正極と負極の間に電位差を生じさせるものである．その他の装置として，7章で説明する**発電機**がある．

1章の問題

☐ **1.1**　2枚の無限に広い面が距離 d 離れて互いに平行に置かれている．それぞれの面に電荷面密度 σ の電荷が存在するとき，単位面積あたりにはたらく力の向きと大きさを求めなさい．

☐ **1.2**　電荷線密度が η である無限に長い2本の棒が平行に置かれている．棒どうしの距離が d であるとき，単位長さあたりにはたらく力を求めなさい．

☐ **1.3**　一様に帯電した半径 r_e の球が，その中心から R（$> r_e$）離れた場所につくる電場を求めなさい．球全体の電荷を Q とする．

☐ **1.4**　原点を中心とした半径 a の球殻がある．球殻の表面の位置ベクトルと z 軸のなす角を θ としたときに，球殻の微小面積要素 dS に $\sigma_0 \cos\theta\, dS$ の電荷が蓄えられているとした場合，位置 (x, y, z) における電場が

$$\begin{cases} \left(0, 0, -\dfrac{\sigma_0}{3\varepsilon}\right) & (r < a) \\[2mm] \dfrac{\sigma_0 a^3}{3\varepsilon r^5}\left(3xz, 3yz, 3z^2 - r^2\right) & (r > a) \end{cases} \tag{1.40}$$

であることを示しなさい．

2 ガウスの法則

　点電荷による電場の大きさは距離の2乗に反比例する．なぜ1乗や3乗ではなく2乗なのだろうか．突き詰めて考えていくと，電荷から周囲に電束という線が伸びているイメージが湧いてくる．さらに閉曲面を貫く電束を数えることで内部に含まれる電荷を知ることができるガウスの法則が導かれる．これを用いると，電荷がつくる電場を大局的に理解することができる．特に対称性の高い電荷分布に対しては，細かい計算に頼らずに電場を求めることができる．ガウスの法則は後に学ぶマクスウェルの方程式の基礎となる．

　正負の電荷を蓄えるはたらきをもつ極板の対をコンデンサーという．蓄えられた電荷を極板間の電位差で割ったものを静電容量といい，コンデンサーの能力を表す．ガウスの法則を応用すると静電容量を簡単に求めることができる．

2章で学ぶ概念・キーワード
- 電束，電束密度
- ガウスの法則
- 対称性
- コンデンサー，静電容量

2.1 電　　束

　点電荷から多数の直線が放射状に伸びている状況を想像してみよう．このとき面を点電荷に向けると，一部の直線はその面を貫くだろう．面が十分小さければ，点電荷から伸びている直線の本数を N とすると，点電荷から距離 r 離れた位置で面積 S の面を貫く直線の本数は

$$N\frac{S}{4\pi r^2} \tag{2.1}$$

である．ここで電気量 q の点電荷から q 本の直線が放射状に伸びていると考えてみよう．このような線を**電束**という．なお，電束には向きがあり，正電荷の場合は内から外へ，負電荷の場合は外から内へ向いていると考えることにする（図 2.1）．

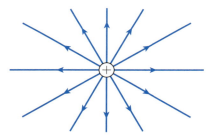

図 2.1　電束．電気量 q の電荷からは q 本の電束が発生する．

　電荷から距離 r 離れた場所に，電場に垂直な向きに単位面積（$1\,\mathrm{m}^2$）をもつ面があるとすると，貫く電束の本数は式 (2.1) より

$$\frac{q}{4\pi r^2} \tag{2.2}$$

となる．これは式 (1.3) で与えた電場の大きさの ε 倍に等しい．そこで電場 $\boldsymbol{E}$ に対して

$$\boldsymbol{D} = \varepsilon \boldsymbol{E} \tag{2.3}$$

というベクトルを定義し，それを**電束密度**とよぶことにする．電束密度ベクトルの向きは電束が伸びる向き，大きさは（文字通り）単位面積を貫く電束の本

数を表す．電束密度の単位は C/m^2 である．

　電場と同様に，電束密度に関しても重ね合わせの原理が成り立つ．複数の点電荷 q_j $(j = 1, 2, \ldots, N)$ があり，それぞれが電束密度 $\boldsymbol{D}_j$ を発生させているとすると，全電荷がつくる電束密度は

$$\boldsymbol{D} = \sum_{j=1}^{N} \boldsymbol{D}_j$$

である．例として2つの電荷がある場合の電束を図2.2に示す．

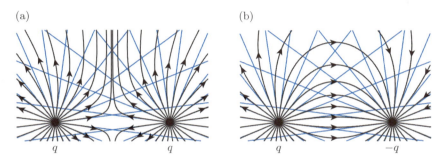

図 2.2 2つの電荷がつくる電束．青線は個々の電荷がつくる電束，黒線は2つの電荷がつくる電束を示す．(a) は同符号の電荷による電束，(b) は異符号の電荷による電束を示す．

　電束と類似するものとして**電気力線**がある．電気力線の向きはその場所における電場の向きを示し，電気力線に垂直な単位面積の面を貫く電気力線の本数は電場の大きさを示す．電気量 q の点電荷からは

$$\frac{q}{\varepsilon} \text{ 本}$$

の電気力線が発生する．誘電率が異なる物質の境界では電気力線は不連続になる．一方，電束は電荷以外の場所では途切れたり枝分かれしたりすることはない．電気量 q の電荷を閉曲面で取り囲んだ場合，その閉曲面を貫く（内から外に貫く場合を正とする）電束は，閉曲面が球面でなかったとしても正確に q である．

　ここまであえて触れなかったが，q の現実的な値は1よりはるかに小さいの

20　　　　　　　　第 2 章　ガウスの法則

に，式 (2.1) は N が非常に大きいことを前提としている．そのため，電束を線で表すことは電場を視覚的に理解するのに役立つが，杓子定規に考えるとおかしなことになる．定義によれば，1 C の電荷は 1 本の電束を発生させるということだが，その 1 本はどの向きに描くべきだろうか．その 1 本が貫いていない場所の電束密度は 0 と解釈すべきなのか．0.001 C の電荷の電束はどのように描くべきだろうか．このようなことで悩むのは意味がない．

　電束の本来の単位はクーロン（C）であり，「本」ではない．そのため，電束は整数の値をとるとは限らない．例えば球の中心に 0.001 C の電荷が存在する場合，球面全体を貫く電束は 0.001 C であり，電束密度の大きさは球面上のどの場所でも同じである．この状況をどうしても絵に描きたいのであれば，例えば 1 C あたり 1,000,000 本線を引く，などと勝手にルールを決めてしまっても差し支えない．そうすれば 0.001 C の電荷でも 1,000 本線を引けるので，方向による不公平がだいぶ解消される．そして，ある面を貫く線が例えば 30 本だとしたら，その面を貫く電束はそれを 1,000,000 で割った 0.00003 C だと換算すればすむことである．

　いずれにせよ，任意の値をとりうる電束を，整数本の線で表現するのには限界がある．そこで数学的に正確に表現しよう．もし電束密度が一様なら，電束密度に垂直な面を貫く電束の大きさは

$$|\varPhi| = DS$$

で与えられる．ここで D, S はそれぞれ電束密度の大きさ，面の面積を表す．もちろん $\varPhi$ の値は整数である必要はない．

　それでは，面が斜めを向いていたらどうだろうか．面の向きを表すには，面を裏から表に垂直に貫く単位ベクトルである**法線ベクトル**を用いる．法線ベクトルと電束密度のなす角を θ とすると，ある面を裏から表へ貫く電束は，その面を電束に垂直な平面に射影した面積 $D\cos\theta$ の領域を貫く電束と同じなので，

$$\varPhi = DS\cos\theta$$

である．ここで法線ベクトルを $\boldsymbol{n}$ とすると，面を貫く電束は内積を用いて

$$\varPhi = \boldsymbol{D} \cdot \boldsymbol{n} S$$

と書くことができる．$\varPhi$ は電束が面を裏から表へ貫く場合は正，表から裏へ貫

く場合は負の値をとる．ここで，法線ベクトルに面積をかけた**面積ベクトル**

$$\boldsymbol{S} = \boldsymbol{n}S$$

を用いると，面を貫く電束を

$$\Phi = \boldsymbol{D} \cdot \boldsymbol{S} \tag{2.4}$$

と簡潔に表すことができる（図 2.3）．

一般に電束密度は一様ではないし，面も平面とは限らない．そのような場合でも，面を微小に取れば平面とみなせるし，その範囲内では電束密度は一様とみなせる．微小な面の面積ベクトルを $d\boldsymbol{S}$ と書くと，それを貫く電束は

$$d\Phi = \boldsymbol{D} \cdot d\boldsymbol{S}$$

であるので，任意の曲面を貫く電束は面積分を用いて

$$\Phi = \iint d\Phi = \iint \boldsymbol{D} \cdot d\boldsymbol{S} \tag{2.5}$$

と表すことができる．この積分は曲面上で行う．

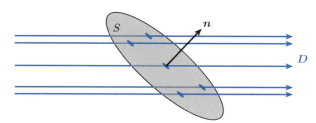

図 2.3　平面を貫く電束．

2.2 ガウスの法則

原点に電気量 q の点電荷があるとする．このとき，位置 $\boldsymbol{r}$ の近傍の微小面積ベクトルを $d\boldsymbol{S}$ とすると，それを貫く電束は

$$d\Phi = \boldsymbol{D}(\boldsymbol{r}) \cdot d\boldsymbol{S} \tag{2.6}$$

である．この電束が原点を中心とする半径 1 の球面と交わる部分の面積を $d\Omega$ とすると，全電束のうち $\frac{d\Omega}{4\pi}$ という割合のものだけが球面を貫くので

$$q\frac{d\Omega}{4\pi} = \begin{cases} \boldsymbol{D} \cdot d\boldsymbol{S} & (\boldsymbol{r} \cdot d\boldsymbol{S} > 0 \text{ のとき}) \\ -\boldsymbol{D} \cdot d\boldsymbol{S} & (\boldsymbol{r} \cdot d\boldsymbol{S} < 0 \text{ のとき}) \end{cases} \tag{2.7}$$

が成り立つ（図 2.4 (a)）．このとき，電荷を取り囲む閉曲面全体を貫く電束を求めてみよう．まず閉曲面は凹凸が激しくなく，面上の全ての点 $\boldsymbol{r}$ で $\boldsymbol{r} \cdot d\boldsymbol{S} > 0$ であるとすると

$$\Phi = \iint \boldsymbol{D} \cdot d\boldsymbol{S} = \frac{q}{4\pi} \iint d\Omega = q \tag{2.8}$$

である．ここで半径 1 の球の表面積が 4π であることを用いた．

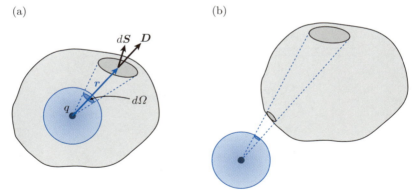

図 2.4　ガウスの法則．閉曲面を貫く電束の総和は内部に含まれる電荷のみで決まる．(a) は電荷が内側にある場合，(b) は電荷が外側にある場合．

2.2 ガウスの法則 **23**

例題 2.1

閉曲面が点電荷を取り囲んでいない閉曲面に対しては

$$\iint \boldsymbol{D} \cdot d\boldsymbol{S} = 0 \tag{2.9}$$

であることを示しなさい.

【解答】 この場合は図 2.4 (b) のように，半径 1 の球面上の微小面積 $d\Omega$ は少なくとも閉曲面の 2 箇所の微小面積 dS と対応づけられる．その場合，必ず一方は $\boldsymbol{r} \cdot d\boldsymbol{S} > 0$ を満たし，他方は $\boldsymbol{r} \cdot d\boldsymbol{S} < 0$ を満たすので，この 2 箇所の $\boldsymbol{D} \cdot d\boldsymbol{S}$ の和は式 (2.7) により打ち消す．閉曲面の凹凸が激しい場合にも，$d\Omega$ は必ず閉曲面の偶数箇所の微小面積と対応づけられ，それらの $\boldsymbol{D} \cdot d\boldsymbol{S}$ の和は必ず打ち消す．したがって式 (2.9) が示された． ■

電荷が閉曲面の内部にあり，閉曲線の凸凹が激しい場合にも，$d\Omega$ に対応づけられる dS は必ず奇数個である．それらのうち，$\boldsymbol{r} \cdot d\boldsymbol{S} > 0$ のものと $\boldsymbol{r} \cdot d\boldsymbol{S} < 0$ のものは打ち消し合い，結局は $\boldsymbol{r} \cdot d\boldsymbol{S} > 0$ を満たす微小面積要素だけが $\boldsymbol{D} \cdot d\boldsymbol{S}$ の積分に寄与するので，この場合も式 (2.8) が得られる.

閉曲面内に複数の点電荷 $q_1, q_2, \ldots, q_N$ があり，それら全てが電束密度 $\boldsymbol{D}$ を発生させているとすると，重ね合わせの原理により

$$\sum_{j=1}^{N} q_j = \sum_{j=1}^{N} \iint \boldsymbol{D}_j \cdot d\boldsymbol{S} = \iint \boldsymbol{D} \cdot d\boldsymbol{S} \tag{2.10}$$

が成り立つ.

さらに電荷が連続的に分布している場合には，電荷密度が $\rho(\boldsymbol{r})$ のとき，

$$\iint \boldsymbol{D} \cdot d\boldsymbol{S} = \iiint \rho(\boldsymbol{r})\, dV \tag{2.11}$$

が成り立つ．ここで右辺の積分範囲は閉曲面の内側の領域である．式 (2.10) あるいは式 (2.11) を**ガウスの法則**という．ガウスの法則によれば，閉曲面の表面の電束密度を調べるだけで，十分離れた内部に含まれる電荷の総量を正確に知ることができるのである.

2.3 対称性を利用した考察

電荷分布が与えられれば式 (1.6) により電場は一意的に決まる．しかし，ガウスの法則を用いれば，さらに簡単な考察から電場を求めることもできる．その手がかりは**対称性**である．例えば，電荷面密度 σ で均一に帯電した無限に広い平面がつくる電場を考えてみよう．まず，観測点を面に平行に移動させても，観測点から眺める景色（電荷分布）は全く変わらない．つまり，面からの距離が同じであるなら，どの場所の電場も全く同じでなければならない．

次に面をその面内で回転させてみよう．もし電場に面と平行な成分があるなら，それは面と一緒に回転しなくてはならない．しかし，回転させても電荷分布は全く変わらないので，電場は回転してはならない．両者は矛盾するので，電場は面に平行な成分をもってはならないという結論が導かれる．

そうだとすると，電束はどの場所でも常に板に垂直に伸びているので，どんなに板から遠ざかっても電束密度は変わらない（図 2.5）．また対称性から，板の表と裏からは同じ数の電束が発生していなければならないので，片方の側に発生する電束は単位面積あたり $\frac{\sigma}{2}$ 本である．電場は電束密度を ε で割ったものなので，電場の大きさ E はどこでも

$$E = \frac{\sigma}{2\varepsilon} \tag{2.12}$$

である．電場の向きは板に垂直で，正電荷なら板から遠ざかる向き，負電荷なら板に向かう向きである．以上は，式 (1.16) のような積分を用いた方法よりはるかに簡単である．

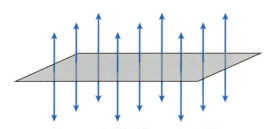

図 2.5 平面状電荷がつくる電場．

例題 2.2

一様に帯電した球がある．球全体の電荷が Q であるとき，球の外側の観測点における電場の向きと大きさを求めなさい．

【解答】 球の中心と観測点を結ぶ直線を軸として球を回転させても電荷分布は変わらないので，電場はこの軸に沿った成分のみをもつ．また，対称性から電場の大きさは球の中心からの距離だけで決まり，方位によらない．したがって球の外側の空間の電束は直線状に伸びていて，電束を内側に延長した直線は必ず球の中心を通る（図 2.6）．ガウスの法則により，球からは Q 本の電束が発生するので，中心から r 離れた場所での電場は

$$\frac{Q}{4\pi\varepsilon r^2} \frac{\boldsymbol{r}}{r}$$

と求まる．これは球の中心に電気量 Q の点電荷が存在する場合と全く同じある．

図 2.6 球状電荷がつくる電場．

2.4 コンデンサー

電荷を蓄えることができる装置を**コンデンサー**という．なかでも 2 枚の平行な平面があり，一方が正，他方が負の電荷を蓄える装置を**平行板コンデンサー**という．それぞれの平面（極板）に蓄えられている電荷を $+Q, -Q$ としよう．極板間の距離 d に比べて極板の面積 S が十分大きい場合には，極板の端の影響を無視することができるので，電場を考える際には極板を無限に広いものとして扱ってよい．平行板コンデンサー全体がつくる電場は，式 (2.12) で求められた電場の重ね合わせなので，極板で挟まれた空間には大きさ

$$E = \frac{Q}{\varepsilon S} \tag{2.13}$$

の電場が存在し，それ以外の空間には電場が存在しない（図 2.7）．

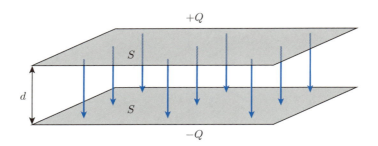

図 2.7 平行板コンデンサー．

2 枚の極板を結ぶ経路での電場の線積分は電位差に等しいので，電荷 $+Q$ の極板は電荷 $-Q$ の極板に比べて電位が Ed 高い．すなわち，電位差を V とすると，

$$V = Ed = \frac{Qd}{\varepsilon S} \tag{2.14}$$

となる．

蓄えられている電荷 Q を極板間の電圧 V で割った量を**静電容量**といい，コンデンサーの能力の指標とする．静電容量の単位は**ファラッド**（F）である．平行板コンデンサーの静電容量 C は式 (2.14) より

$$C = \frac{Q}{V} = \varepsilon \frac{S}{d} \tag{2.15}$$

となる．つまり，極板の面積が大きく極板間が近いほど，同じ電圧をかけたときに多くの電荷を蓄えることができる．

コンデンサーが蓄えるエネルギーを計算してみよう．極板間に電位差 v があるとき，負の極板から正の極板に微小電荷 dq を移動させるのに必要な仕事は

$$dW = v\, dq$$

である．電荷が dq 移動することによる電位差の変化を dv とすると

$$dq = C\, dv$$

という関係があるので，電位差がない状態から V になるまでにする仕事の総和は

$$W = \int dW = \int v\, dq = C \int_0^V v\, dv = \frac{1}{2} CV^2 \tag{2.16}$$

となる．この仕事はコンデンサーにエネルギーとして蓄えられる．このようなエネルギーを**静電エネルギー**（10章参照）という．

2章の問題

□ **2.1**　一様に帯電した無限に長い円柱がある．単位長さあたりの電荷が ρ であるとき，円柱の中心軸から距離 r 離れた観測点における電場の向きと大きさを求めなさい．

□ **2.2**　半径 a の円筒の外側に内径 b の円筒が中心軸をそろえて配置されている．このとき，両方の円筒は符号が反対の電荷を蓄えることができるので，これはコンデンサーとしての役割を果たす．円筒が十分長い場合，単位長さあたりの静電容量を求めなさい．

□ **2.3**　一様に帯電した球殻の内側の空間の電場を，ガウスの法則により求めなさい．

3 物質中の電場

　電場は真空中だけでなく，物質中にも存在する．物質も結局は電荷の集合体なので，それらがつくる電場を計算し，外部からの電場と合わせれば物質中における電場が求まる．ここでは自由に動ける電荷をもつ導体と，正負の電荷が対になって存在している誘電体を例にとり，物質中での電場や電荷について考察する．

　導体内では仮に電場が発生しても，ただちに電荷が移動して電場を打ち消す．そのため導体内では電場が存在できず，電位は一定に保たれる．一方，誘電体に電場をかけると，正電荷と負電荷の中心がずれ，表面に分極電荷という電荷が発生する．分極電荷は電場と電束密度の比例係数である誘電率に影響を及ぼす．

3章で学ぶ概念・キーワード

- 導体，静電誘導，静電遮蔽
- 電気双極子
- 誘電分極，分極電荷
- 電気感受率，誘電率
- 誘電体

3.1 導体の性質

内部で電荷が自由に動ける物質を**導体**という．仮に導体内に電場が発生したとすると，電場は電荷の移動をうながす．その結果，正電荷は電位の低い場所に，負電荷は電位の高い場所に集まる．正電荷が集まった場所の電位は高く，負電荷が集まった場所の電位は低くなるので，最終的には導体内では電位が一定となり，電場は消滅する．つまり，自由に動ける電荷は凸凹の地形を平らにならす水のようなはたらきをする．電位が異なる導体どうしを接触させると電荷が移動して同電位になる．これを**導通**させるという．これは水位が異なる池どうしを水路でつなげると両者の水位が同じになることと似ている．これまでは，電荷分布が与えられた場合に空間の電場や電位を求める方法を学んだ．一方，導体においては，電位が先に与えられたときの電荷分布を求める問題を解く必要もある．

導体に外部から電荷を近づけた場合，外部電荷による電場の侵入を打ち消すように導体内で電荷が移動し，内部の電場を **0** に保つ．これを**静電誘導**という．一様な外部電場中に導体球を置いた場合の静電誘導について考えてみよう．外部電場の大きさを E_0，向きを z 軸にとる．静電誘導により導体球の表面に電荷が生じ，外部からの一様電場を打ち消すはずである（図 3.1）．この電荷分布を 1 章の演習問題 1.4 の結果を利用して求めてみよう．それによると原点を中

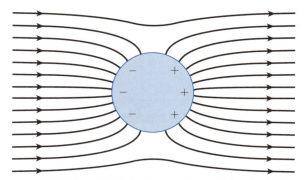

図 3.1 一様電場中に球状導体を置いた場合の電束．静電誘導により導体の表面に電荷が発生し，導体内の電場を **0** に保つ．

3.1 導体の性質 **31**

心とする球殻上の微小面積 dS に電荷 $\sigma_0 \cos\theta\, dS$ が存在している（θ は原点から微小面積に向かうベクトルと z 軸のなす角）とき，球殻の内側には大きさ

$$\frac{\sigma_0}{3\varepsilon} \tag{3.1}$$

の一様電場が z 軸の負の向きに生じることがわかっている．そこでもし

$$\sigma_0 = 3\varepsilon E_0 \tag{3.2}$$

を満たすように帯電した球殻を一様電場中に置いたなら，重ね合わせの原理により球殻の内側の電場は打ち消して完全に **0** になる．これは一様電場中に導体球を置いた状況と全く同じといえる．つまり，大きさ E_0 の一様電場中に導体球を置くと静電誘導が起きて，導体球の表面に単位面積あたり

$$3\varepsilon E_0 \cos\theta \tag{3.3}$$

という電荷分布が発生するはずである．

導体球の表面に生じた電荷は，外側の空間にも影響を及ぼし，一様だった電場を乱す．1 章の演習問題 1.4 の結果を利用すると，導体外部の位置 r における電場は，一様電場 $\boldsymbol{E}_0$ も合わせて表すと

$$\boldsymbol{E}(r) = \frac{3a^3(\boldsymbol{E}_0 \cdot \boldsymbol{r})}{r^5}\boldsymbol{r} + \left(1 - \frac{a^3}{r^3}\right)\boldsymbol{E}_0 \tag{3.4}$$

となる．ここで $r \to +\infty$ とすると $\boldsymbol{E} \to \boldsymbol{E}_0$ となる．また，$r = a$ のときに第 2 項は消え，電場は $\boldsymbol{r}$ の向きを向く．これは図 3.1 のように導体球から出る電束が球面と直交することを意味している．

導体で取り囲むことにより，外部からの電場が侵入できない空間をつくることができる．これを**静電遮蔽**という．導体の内部をくりぬいて空洞をつくると，この空洞は常に等電位の閉曲面で囲まれることになる．このとき，もしも内部の電位が一定でないなら，必ずどこかに電位の極小値や極大値が存在する．例えば極大値を示す点があるなら，その場所から外向きに電場が発生する．その場合，極大点を取り囲む閉曲面から外に出る電束は必ず正なので，ガウスの法則により閉曲面の内部に正電荷が存在しなくてはならないが，これは空洞であるという前提に反する．したがって，空洞内の電位は完全に一定でなくてはならない．これは導体の外部からの電場が空洞内に侵入できないことを示す．

32　　　　　　　　　第 3 章　物質中の電場

―― 例題 3.1 ――――――――――――――――――――――――――――――

　　電気量 Q の点電荷が内径 a, 外径 b の球殻の中心に置かれている. 球殻
は導体であり, 球殻全体の電荷は 0 であるとする. このとき, 電場および
電位を求めなさい.

【解答】　　点電荷からは Q 本の電束が発生する. しかし, 導体内では電場は **0** でなけれ
ばならないので, 電束が侵入することはできない. そこで, 球殻の内側の面に合計 $-Q$
の電荷が現れて, この電束を吸収する. しかし, 導体は全体として電荷が 0 でなけれ
ばならないので, 球殻の外側の面に合計 Q の電荷が現れる. 対称性からこの電荷は均
一に分布し, 外側に Q 本の電束を放射状に発生させる. これは点電荷そのものが発生
する電束と全く同じである. このことから, 点電荷からの距離を r とすると大きさ

$$E(r) = \begin{cases} \dfrac{Q}{4\pi\varepsilon_0 r^2} & (0 < r < a) \\ 0 & (a < r < b) \\ \dfrac{Q}{4\pi\varepsilon_0 r^2} & (r > b) \end{cases} \tag{3.5}$$

の電場が外向きに発生する. 無限遠で電位が 0 という条件のもとでこれを積分するこ
とにより, 電位が

$$\phi(r) = \begin{cases} \dfrac{Q}{4\pi\varepsilon_0}\left(\dfrac{1}{r} - \dfrac{1}{a} + \dfrac{1}{b}\right) & (0 < r < a) \\ \dfrac{Q}{4\pi\varepsilon_0 b} & (a < r < b) \\ \dfrac{Q}{4\pi\varepsilon_0 r} & (r > b) \end{cases} \tag{3.6}$$

と求まる.　　　　　　　　　　　　　　　　　　　　　　　　　　　　　　　　■

3.2 電気双極子

絶対値が同じ正電荷と負電荷がわずかな距離を隔てて配置されているものを**電気双極子**という．正電荷，負電荷をそれぞれ q, $-q$ とし，負電荷を始点，正電荷を終点とするベクトルを $\boldsymbol{l}$ とすると（図 3.2），電気双極子は

$$\boldsymbol{p} = q\boldsymbol{l} \tag{3.7}$$

と定義される．電気双極子の単位は C m である．

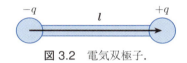

図 3.2　電気双極子．

電気双極子に一様電場がかかっているときのエネルギーを計算しよう．一様電場を $\boldsymbol{E} = (0, 0, E)$ とすると，電位は $\phi(x, y, z) = -Ez$ である．電気双極子の中心を原点とし，電気双極子と z 軸のなす角を θ とすると，静電場によるポテンシャルエネルギーは，

$$U = +q(-E)\frac{l}{2}\cos\theta + (-q)(-E)\left(-\frac{l}{2}\cos\theta\right) = -\boldsymbol{p}\cdot\boldsymbol{E} \tag{3.8}$$

となる（図 3.3）．この式から，電気双極子のエネルギーは電場の向きを向いたときに最も低くなることがわかる．

次に，電気双極子が十分離れた位置につくる電位および電場を計算してみよう．位置 $\left(0, 0, \frac{l}{2}\right)$ に $+q$ の電荷，位置 $\left(0, 0, -\frac{l}{2}\right)$ に $-q$ の電荷が置かれているとすると，観測点 $\boldsymbol{r} = (x, y, z)$ における電位は

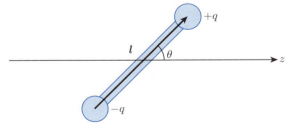

図 3.3　電場中における電気双極子のエネルギー．

$$\phi(\boldsymbol{r}) = \frac{q}{4\pi\varepsilon}\left(\frac{1}{\sqrt{x^2+y^2+(z-\frac{l}{2})^2}} - \frac{1}{\sqrt{x^2+y^2+(z+\frac{l}{2})^2}}\right) \tag{3.9}$$

である．ここで $r = \sqrt{x^2+y^2+z^2} \gg l$ という近似を用いると，電位は

$$\phi(\boldsymbol{r}) \approx \frac{q}{4\pi\varepsilon}\left\{(r^2-lz)^{-\frac{1}{2}} - (r^2+lz)^{-\frac{1}{2}}\right\}$$

$$\approx \frac{q}{4\pi\varepsilon r}\left\{\left(1+\frac{lz}{2r^2}\right) - \left(1-\frac{lz}{2r^2}\right)\right\} = \frac{1}{4\pi\varepsilon}\frac{1}{r^3}\boldsymbol{p}\cdot\boldsymbol{r} \tag{3.10}$$

となる．電場 $\boldsymbol{E}$ は $\boldsymbol{E} = -\nabla\phi$ を用いて計算でき，

$$\boldsymbol{E} = -\nabla\phi \approx -\frac{1}{4\pi\varepsilon}\nabla\left(\frac{1}{r^3}\boldsymbol{p}\cdot\boldsymbol{r}\right)$$

$$= -\frac{1}{4\pi\varepsilon}\left\{(\boldsymbol{p}\cdot\boldsymbol{r})\nabla(r^{-3}) + r^{-3}\nabla(\boldsymbol{p}\cdot\boldsymbol{r})\right\}$$

$$= -\frac{1}{4\pi\varepsilon}\left\{-3(\boldsymbol{p}\cdot\boldsymbol{r})\frac{\boldsymbol{r}}{r^5} + \frac{\boldsymbol{p}}{r^3}\right\} = \frac{1}{4\pi\varepsilon}\frac{3(\boldsymbol{p}\cdot\boldsymbol{r})\boldsymbol{r} - r^2\boldsymbol{p}}{r^5} \tag{3.11}$$

となる．この式より，電気双極子がつくる電場は距離の 3 乗に反比例して減衰することがわかる．点電荷による電場は距離の 2 乗に反比例するので，双極子の電場の方が急速に減衰する．これは遠方ほど正負の電荷の位置のずれが目立たなくなり，それらが打ち消しているように見えるからである．電気双極子がつくる電位，電場，電束を図 3.4 に示す．

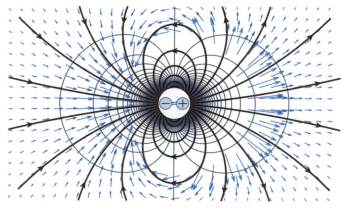

図 3.4 電気双極子がつくる電位（青線），電場（青い矢印），電束（黒線）．

3.3 誘電分極

自由に移動できる電荷が存在しない物質を**絶縁体**という．絶縁体の中には表面だけに電荷が現れる**分極**という現象を示す**誘電体**がある．その表面の電荷は自由に移動できる電荷（**真電荷**）ではなく**分極電荷**というものであり，起源は以下に述べるように電気双極子にさかのぼる．

電気双極子が分極電荷を生じる原因を考えてみよう．多数の電気双極子が，図 3.5 (a) のように向きをそろえて一列に並んでいるとする．位置 r にある電気双極子 p が観測点 R につくる電位は式 (3.10) により，

$$\phi(\boldsymbol{R}) \approx \frac{1}{4\pi\varepsilon_0} \boldsymbol{p} \cdot \frac{\boldsymbol{R}-\boldsymbol{r}}{|\boldsymbol{R}-\boldsymbol{r}|^3} \tag{3.12}$$

と書ける．単位長さあたり n 個の電気双極子 $\boldsymbol{p}=(0,0,p)$ が，z 軸上の z_0 から z_1 までの範囲に並んでいるとする．各々の電気双極子が十分小さければ，長さ dz あたりに

$$n\boldsymbol{p}\,dz$$

の電気双極子があり，連続的に分布しているとみなせるので，観測点 $\boldsymbol{R}=(X,0,0)$ における電位は積分

$$\phi(\boldsymbol{R}) \approx \frac{1}{4\pi\varepsilon_0}\, np \int_{z_0}^{z_1} \frac{-z}{(X^2+z^2)^{\frac{3}{2}}}\, dz \tag{3.13}$$

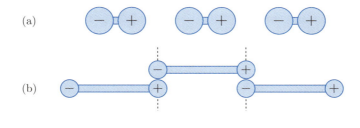

図 3.5 (a) 電気双極子列．(b) 電気双極子の大きさを変えずに長さを間隔と等しいとしたもの．(c) 同じ電場を与える電荷．

36　　　　　　　　　第 3 章　物質中の電場

で与えられる．これを $z = X \tan\theta$ と変数変換すると，

$$
\begin{aligned}
\phi(\boldsymbol{R}) &= -\frac{1}{4\pi\varepsilon_0}\,np\,\frac{1}{X}\int_{\theta_0}^{\theta_1}\sin\theta\,d\theta \\
&= \frac{1}{4\pi\varepsilon_0}\,np\,\frac{1}{X}(\cos\theta_1 - \cos\theta_0) \\
&= \frac{1}{4\pi\varepsilon_0}\left(\frac{np}{R_1} - \frac{np}{R_0}\right)
\end{aligned}
\tag{3.14}
$$

となる．ここで $\tan\theta_0 = \frac{z_0}{X}$, $\tan\theta_1 = \frac{z_1}{X}$ とした．また，

$$
R_0 = \sqrt{X^2 + z_0^2}, \quad R_1 = \sqrt{X^2 + z_1^2}
$$

はそれぞれ端にある双極子と観測点の距離を表す．ここで，n, p はそれぞれ $\mathrm{m^{-1}}$, $\mathrm{C\,m}$ という単位をもつので，np は電荷を表す．式 (3.14) は位置 $(0, 0, z_0)$ に $-np$, 位置 $(0, 0, z_1)$ に $+np$ の点電荷がある場合の電位の式にほかならない．つまり，多数の電気双極子がつくる電位は，端だけにそれぞれ負電荷と正電荷がある場合のものと同じである．このように現れた見かけの電荷 np が分極電荷である．

例題 3.2

電荷 np の大きさについてわかりやすい解釈を考えなさい．

【解答】　式 (3.14) の導出では電気双極子 p が与えられているだけで，

$$
p = ql
$$

とした場合の電荷 q や長さ l は計算結果には顔を出さない．そこで l を勝手に n^{-1} に等しいと考えてみる（図 3.5 (b)）．これは双極子の長さを，隣り合う双極子どうしの距離と同じと考えることを意味する．その場合，

$$
np = q
$$

となる．つまり，双極子が隙間なく並んでいると仮定した場合の電荷が，そのまま端に現れる電荷ということになる．これは，隣接する双極子の正電荷と負電荷は位置が完全に重なるので打ち消すが，端の電荷だけは打ち消さずに残るためと解釈できる（図 3.5 (c)）．

3.3 誘電分極

次に，このような電気双極子の列を多数含む物体を考える．物体には列に垂直な表面があり，その単位面積を N 本の列が貫いているとすると，その表面には単位面積あたり

$$\sigma_\mathrm{p} = Nnp$$

の分極電荷が現れる．Nn は単位体積あたりの電気双極子の数なので，σ_p は単位体積あたりの双極子の和に等しい．これは，あたかも表面現象のように見える分極電荷の起源が，物体内部の電気双極子にあることを意味する．単位体積に含まれる電気双極子の和を**誘電分極**といい，$\boldsymbol{P}$ で表す．誘電分極の単位は $\mathrm{C/m^2}$ である．

誘電分極 $\boldsymbol{P}$ をもつ物質を任意の向きに切断したとき，切断面に現れる分極電荷を求めてみよう．切断面の法線ベクトル（切断面に垂直で内から外に向かう単位ベクトル）を $\boldsymbol{n}$ とする．切断面の面積を S，$\boldsymbol{n}$ と $\boldsymbol{P}$ のなす角を θ とすると，切断面には $NS\cos\theta$ 本の双極子列が現れ，それに np をかけた分極電荷

$$NnpS\cos\theta = \boldsymbol{P}\cdot\boldsymbol{n}S = \boldsymbol{P}\cdot\boldsymbol{S} \tag{3.15}$$

が現れる（図 3.6）．ここで $\boldsymbol{S}$ は面積ベクトル $\boldsymbol{n}S$ である．

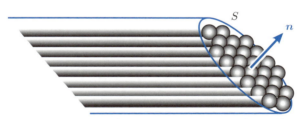

図 3.6 表面の分極電荷は，誘電分極と面積ベクトルの内積に等しい．

3.4 誘電体の性質

電場がない場合には誘電分極は存在しないが，電場をかけると誘電分極が生じる性質を**常誘電性**，そのような性質を示す物質を**常誘電体**という．常誘電性には次のような起源がありうる．まずは，物質を構成する分子や原子に本来は電気双極子が存在せず，電場をかけたときにだけ正電荷の中心と負電荷の中心がずれて電気双極子が生じる場合である．別の起源として，各々の分子がすでに電気双極子（**永久双極子**）をもっている**極性分子**であることが考えられる．その場合，何もしない状態では向きがばらばらなため，永久双極子どうしが打ち消し合っているが，電場をかけることによって分子の向きがある程度そろい，全体として誘電分極が現れる．極性分子の例としては水分子などが，極性をもたない分子の例としてはベンゼン分子などがある．

常誘電体では電場が弱い場合，

$$P = \chi_e \varepsilon_0 E \tag{3.16}$$

という比例関係が成り立つ．この χ_e は**電気感受率**とよばれ，分極電荷の現れやすさを表す．電気感受率に単位はない．

電気双極子では正電荷と負電荷が対になっているので，外に出る電束と中に入る電束の数は常に等しい．そのため，誘電体では電束は途切れることがない．

■ 例題 3.3 ■

平行板コンデンサーに誘電体をはさんだ場合の電場と電束密度の関係を考察し，誘電率と分極率の関係を求めなさい．また誘電体をはさむことによる静電容量の変化を求めなさい．

【解答】 コンデンサーの極板の単位面積あたりにそれぞれ $+\sigma$，$-\sigma$ の電荷が存在すると，極板間の電束密度の大きさはガウスの法則により $D = \sigma$ である．誘電分極の大きさを P とすると，誘電体の表面には単位面積あたり P の分極電荷が生じて，極板の電荷を一部打ち消す（図 3.7）．打ち消されずに残った電荷が電場を生じる．式 (2.13) よりこの電場は

$$E = \frac{\sigma - P}{\varepsilon_0} = \frac{D - P}{\varepsilon_0}$$

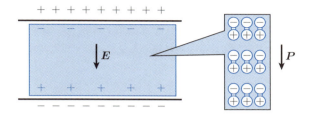

図 3.7 平行板コンデンサーの極板間の誘電体.

となる．この関係は向きも含めて

$$D = \varepsilon_0 E + P \tag{3.17}$$

と表される．式 (3.16) を代入し，$D = \varepsilon E$ と比較することにより

$$\varepsilon = \varepsilon_0(1 + \chi_e) \tag{3.18}$$

が得られる．つまり，物質中で誘電率が変わる原因は，誘電分極のためであるといえる．コンデンサーの極板間の電位差は $V = Ed$，極板に蓄えられている電荷の大きさは $Q = \sigma S = DS$ なので，静電容量は

$$C = \frac{Q}{V} = \frac{DS}{Ed} = \varepsilon \frac{S}{d} = (1 + \chi_e) C_0 \tag{3.19}$$

となる．ここで極板間が真空の場合の静電容量を C_0 とした．

以上はコンデンサーを例にとったが，式 (3.17) の関係は一般に成り立つ．その理由については 9 章でふれる．付録 B に示すように水，ベンゼンの比誘電率はそれぞれ約 80，約 2 と大きく異なる．その理由は分子の極性の有無にある．

電場をかけなくても自発的に分極が生じている状態を**強誘電性**，そのような性質を示す誘電体を**強誘電体**という．強誘電性の起源として，電気双極子がつくる電場が周囲の電気双極子を同じ向きに向けるはたらきがあることが挙げられる．一般に，強誘電体の分極電荷は，変形や温度変化によって変化する．分極電荷が変形によって変化する性質を**圧電性**という．圧電性をもつ**圧電素子**（**ピエゾ素子**）は，わずかな変形を感知するセンサーなどに応用されている．また，圧電性があると，逆に電圧によって物質を変形させることも可能である．この性質はスピーカーやアクチュエーターなどに利用されている．強誘電体の分極電荷が温度によって変化する性質を**焦電性**という．この性質はわずかな温度変化を検出するセンサーなどに応用できる．

40 第3章 物質中の電場

3章の問題

□ **3.1** 電位が 0 の導体平面から距離 d 離れた位置に電気量 Q の電荷がある．以下の問いに答えなさい．

   (1) 導体平面の外の，点電荷が存在する側の空間の任意の場所における電位を求めなさい．

   (2) 導体平面の任意の場所の電荷面密度（単位面積あたりの電荷）を求めなさい．また，導体全体の電荷を求めなさい．

   (3) 点電荷と導体平面にはたらく力を求めなさい．

□ **3.2** 原点を中心とする球殻上の微小面積 dS に電荷 $\sigma_0 \cos\theta \, dS$（$\theta$ は原点から微小面積に向かうベクトルと z 軸のなす角）が存在している．この球殻の外側の電場は，電気双極子がつくる電場と同じであることを示しなさい．1章の演習問題 1.4 の結果を利用してよい．

□ **3.3** 誘電分極 P をもつ誘電体の内部を球状にくり抜いた．球の中心の点が感じる電場を求めなさい．

4 磁場と磁性体

　我々の生活の中で，磁石はとても身近なものである．磁石のN極どうしやS極どうしは反発し合い，N極とS極は引き合う．この性質はむしろ静電気のクーロンの法則よりもなじみのあるものであり，磁気に関するクーロンの法則とよばれる．電気で電場や電束を考えたのと同様に，磁気では磁場や磁束を考えることができる．このような類似性の一方で，磁気ではN極だけやS極だけを単独で取り出すことができないこと，磁束は絶対に途切れることがないことなど大きな違いもある．本章では電気と磁気の類似点と相違点，さらに磁性体の種類や性質について学ぶ．

4章で学ぶ概念・キーワード
- 磁気に関するクーロンの法則，磁極
- 磁場
- 磁束，磁束密度
- 磁気双極子，磁化
- 常磁性体，反磁性体，強磁性体

4.1 磁気に関するクーロンの法則

電気に類似する現象に**磁気**がある．6章で示すように，磁気の起源をさかのぼると電荷の流れである**電流**に行きつくので，現代の電磁気学では磁気と電気を同等には扱えない．しかし，まずその類似性に目をつけてみよう．電気で正電荷，負電荷が存在するのと同様に，磁気では **N極，S極**というものが存在する．磁石の N 極どうし，S 極どうしが反発し合い，N 極と S 極が引き合う性質は電荷とよく似ている．電気の電荷に相当するものを磁気では**磁極**とよび，磁極の強さを**磁気量**という．磁気量が正なら N 極，負なら S 極を表す．磁極の単位は**ウェーバー**（Wb）である．

実験によると，互いに距離 r 離れた磁気量 q_{m1}, q_{m2} の磁極どうしには

$$F = \frac{1}{4\pi\mu} \frac{q_{m1} q_{m2}}{r^2} \tag{4.1}$$

という力がはたらく．これを**磁気に関するクーロンの法則**という．この式では F が正の場合には斥力，負の場合は引力を表す．ここで μ を**透磁率**といい，その値は磁極の間にある物質に依存する．透磁率の単位は H/m または N/A^2 である．ここで H を**ヘンリー**，A を**アンペア**と読む．物質がない場合の**真空の透磁率**を μ_0 と書く．μ_0 の値は $4\pi \times 10^{-7}$ H/m である．透磁率を真空の透磁率で割った $\frac{\mu}{\mu_0}$ を**比透磁率**という．

電場と同様に**磁場（磁界）**というものを定義することができる．1 Wb の磁極が受ける力が，その場所における磁場である．磁場の単位は N/Wb と書くこともできるが，一般には**アンペア毎メートル**（A/m）を用いる．原点に磁極 Q_m がある場合，位置 r における磁場は

$$\boldsymbol{H}(\boldsymbol{r}) = \frac{1}{4\pi\mu} \frac{Q_m}{r^2} \frac{\boldsymbol{r}}{r} \tag{4.2}$$

と表される．そのとき，位置 r にある磁極 q_m は

$$\boldsymbol{F} = q_m \boldsymbol{H}(\boldsymbol{r}) \tag{4.3}$$

という力を受ける．以上の式は，あたかも N 極だけや S 極だけの磁極（**磁気単極子**）が存在するかのように書かれているが，実際には N 極と S 極は必ず対に

4.1 磁気に関するクーロンの法則   **43**

なって現れ，単独では存在できない．磁石を切断すると，必ず切断面に N 極と S 極の磁極が対になって現れ，それぞれの破片では，含まれる磁極の合計が必ず 0 になることがわかっている．

📖 マルチフェロイックな物質

　表面の両端に N 極と S 極が発生している物質が磁石（強磁性体），＋ 極と − 極が発生している物質が強誘電体である．強誘電体は磁石の電気版のようなものと考えていいだろう．一般に，強磁性（ferromagnetism）と強誘電性（ferroelectricity）は全く別の現象なので，それらが同時に発生する物質はむしろ珍しい．そのような物質をマルチフェロイック（multiferroic）な物質という．マルチフェロイックな物質の中には，電場によって磁化を変化させたり，磁場によって誘電分極を変化させたりできるものがあり，新しいデバイスやメモリーなどに関する応用への期待から，近年注目が集まっている．

　物質の磁気的な状態（磁性）は，隣接する磁気双極子を同じ向きや異なる向きに向けようとするはたらき（交換相互作用）によって決まる．交換相互作用は原子どうしの位置関係に非常に敏感なため，結晶中の陽イオンと陰イオンの位置関係が変わると磁気的な状態も大きく変わることがありうる．この性質をうまく利用して，磁性と誘電性が互いに強く相関する物質を開発することが試みられている．

4.2 磁束

電気において電束を定義したのと同様に，磁気において**磁束**を定義することができる．磁気量 q_m の磁極からは q_m 本の磁束が発生し，磁束は途切れたり枝分かれしたりすることはない．磁束に垂直な単位面積の面を貫く磁束を**磁束密度**といい，磁束密度 $\boldsymbol{B}$ と磁場 $\boldsymbol{H}$ には

$$\boldsymbol{B} = \mu \boldsymbol{H} \tag{4.4}$$

という関係がある．磁束密度の単位は**テスラ**（T）であり，Wb/m^2 と同じ意味をもつ．

磁極単極子は存在しないので，実際には磁束がある点から発生したりある点で消滅したりすることはない．磁石では一見 N 極から磁束が始まり，S 極で終わっているように見えるが，実際には磁束は磁石の内部でつながっていて，必ず閉曲線を形成している（図 4.1）．つまり，磁束密度におけるガウスの法則は，どんな閉曲面に対しても

$$\iint \boldsymbol{B} \cdot d\boldsymbol{S} = 0 \tag{4.5}$$

となる．

磁場を表現するのに**磁力線**というものもよく用いられる．磁力線の向きは磁場の向きを，磁力線に垂直な単位面積を貫く磁力線の本数は磁場の大きさを表す．

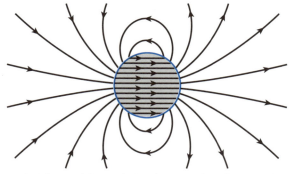

図 4.1 球形磁石の磁束のようす．右側が N 極，左側が S 極である．磁束は途切れることがなく閉曲線を描く．

4.3 磁気双極子

4.1 節で述べたように，磁石からは N 極や S 極を単独で取り出すことができない．これは磁気の世界では電気の真電荷（3.3 節を参照）に相当するものがないためである．その意味においては，磁石は誘電体とよく似ている．つまり，磁極の本質は磁気的な分極であり，そのミクロな起源は磁気的な双極子，すなわち**磁気双極子**にある．正負の磁極が対になって存在し，$-q_\mathrm{m}$ の磁極から $+q_\mathrm{m}$ の磁極に向かうベクトルを $\boldsymbol{l}$ とするとき，磁気双極子は

$$\boldsymbol{m} = q_\mathrm{m} \boldsymbol{l} \tag{4.6}$$

と定義される．また，磁気双極子を μ_0 で割ったものを**磁気モーメント**といい，$\boldsymbol{\mu}$ で表す．

例題 4.1

磁気双極子と一様磁場がなす角を θ とする．磁気双極子にはたらく力のモーメントを計算しなさい．

【解答】　磁極の磁気量の大きさを q_m，磁極間の距離を l とする．磁場の大きさを H とすると，磁気双極子の N 極には大きさ $q_\mathrm{m} H$ の力が磁場の向きに，S 極には大きさ $q_\mathrm{m} H$ の力が磁場と反対向きにはたらく（図 4.2）．これらの力は磁気双極子の重心を加速させることはないが，力の作用線が一致しない偶力であるので，磁気双極子を回転させようとする力のモーメント

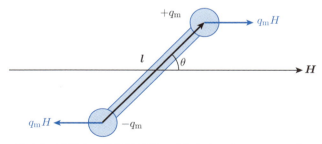

図 4.2　磁場中の磁気双極子にはたらくの力のモーメント．

46 第 4 章 磁場と磁性体

$$2 \times q_{\mathrm{m}} H \frac{l}{2} \sin \theta = |\boldsymbol{m}| H \sin \theta \tag{4.7}$$

を生じる．向きも含めると，力のモーメントを

$$\boldsymbol{N} = \boldsymbol{m} \times \boldsymbol{H} \tag{4.8}$$

と表すこともできる．つまり，力のモーメントは $\boldsymbol{m}$ を $\boldsymbol{H}$ の向きに回そうとし，$\boldsymbol{m}$ が $\boldsymbol{H}$ と垂直のときに大きさが最大となる． ■

　電気双極子と同様の考察により，磁気双極子 $\boldsymbol{m}$ が一様磁場 $\boldsymbol{H}$ の中に置かれているときのエネルギーが

$$U = -\boldsymbol{m} \cdot \boldsymbol{H} \tag{4.9}$$

と求まる．これは磁気モーメント $\boldsymbol{\mu}$ と磁束密度 $\boldsymbol{B}$ を用いて

$$U = -\boldsymbol{\mu} \cdot \boldsymbol{B} \tag{4.10}$$

と表すこともできる．

　原点にある磁気双極子 $\boldsymbol{m}$ が位置 $\boldsymbol{r}$ につくる磁場は，式 (3.11) と同様の計算により

$$
\begin{aligned}
\boldsymbol{H} &= -\frac{1}{4\pi\mu} \left\{ -3(\boldsymbol{m} \cdot \boldsymbol{r}) \frac{\boldsymbol{r}}{r^5} + \frac{\boldsymbol{m}}{r^3} \right\} \\
&= \frac{1}{4\pi\mu} \frac{3(\boldsymbol{m} \cdot \boldsymbol{r})\boldsymbol{r} - r^2 \boldsymbol{m}}{r^5}
\end{aligned}
\tag{4.11}
$$

であることが導かれる．

4.4 磁化

磁場に対して応答を示す物質を**磁性体**という．通常の磁性体には多数の磁気双極子が含まれている．単位体積に含まれる磁気モーメントの和を**磁化**とよぶ．磁化は単位体積あたりの磁気双極子を μ_0 で割ったものと考えてもよい．磁化の単位は磁場と同じアンペア毎メートル（A/m）である．磁気モーメントはベクトル量なので，各々の磁気モーメントの大きさに単位体積あたりの磁気モーメントの数をかけたものが磁化の大きさになるとは限らない．例えば，磁気モーメントが完全にばらばらな向きを向いている場合は磁化は **0** になる．誘電体と同様の考察によれば，磁化が存在すると表面に磁極が発生する．磁化を $\boldsymbol{M}$，面積ベクトルを $\boldsymbol{S}$ とすると，その面積に発生する磁極は $\mu_0 \boldsymbol{M} \cdot \boldsymbol{S}$ である．

磁束密度，磁場，磁化の関係を明らかにするために，薄い板状の磁性体を考えてみる（図 4.3）．板に垂直方向に一様磁場がかかっており，外部における磁場を H_0 とすると，磁性体の外部で磁束密度 B は

$$B = \mu_0 H_0 \tag{4.12}$$

という関係を満たす．一方，この場合には磁性体は板の厚み方向に磁化されており，その値を M とすると，磁性体の両面には単位面積あたり $\pm \mu_0 M$ の磁極が発生する．コンデンサーの極板にはさまれた誘電体の場合の式 (2.13) と同様に，この磁極は磁性体の内部に

$$-\frac{\mu_0 M}{\mu_0} = -M \tag{4.13}$$

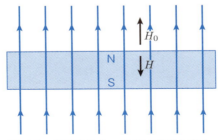

図 4.3 板状磁性体．青線は磁束を表す．

という磁場を発生させる. つまり磁性体の内部での磁場は $H = H_0 - M$ なので $\mu_0 H = \mu_0 H_0 - \mu_0 M$ であり, 式 (4.12) を用いて整理すると

$$B = \mu_0(H + M)$$

となる. 磁束は途切れることがないので B は磁性体内部における磁束密度にも等しい. 向きも含めると, この関係は

$$\boldsymbol{B} = \mu_0(\boldsymbol{H} + \boldsymbol{M}) \tag{4.14}$$

と表される. これが一般の場合にも成り立つことは 9 章で示される.

　物質中での透磁率の意味について考えてみよう. 磁化 $\boldsymbol{M}$ が外部磁場 $\boldsymbol{H}$ に比例する物質で, 磁場と磁化の関係を

$$\boldsymbol{M} = \chi \boldsymbol{H} \tag{4.15}$$

と書くとき, 比例係数 χ を**磁化率, 帯磁率**あるいは**磁気感受率**という. 磁化率に単位はない. この関係を式 (4.14) に代入し,

$$\boldsymbol{B} = \mu \boldsymbol{H}$$

を用いると

$$\mu = \mu_0(1 + \chi) \tag{4.16}$$

という関係が得られる. つまり, 物質中で透磁率が変わる理由は, 磁場によって磁化が生じるからである.

　以上の磁性体に関する考察では, 誘電体における考え方をそのまま利用することができた. 磁気単極子が存在しないということを除けば, 電場と磁場, 電束密度と磁束密度, 電荷と磁極, 電気双極子と磁気双極子, 誘電分極と磁化 (に μ_0 をかけたもの) がそれぞれ対応している. さらに, これらを互いに読み替えれば, 電気と磁気の現象を全く同じように理解することができる. ただし電磁気学には様々な単位系があり, それに応じて磁化の定義も異なるので注意が必要である. 本書では E–B 対応の SI 単位系に基づいて磁化を表している.

4.5 常磁性体

磁性体にはいくつかの種類がある．**常磁性体**は外部から磁場をかけていない場合には磁化がないが，外部から磁場をかけると磁場の向きに磁化が現れる物質のことである．常磁性体では磁場が弱い場合，式 (4.15) のように磁場 H と磁化 M は比例し，磁化率は正である（図 4.4 (a)）．

常磁性体はミクロな磁気モーメントの集合体である．その磁気モーメントは，主に**スピン**とよばれる電子の自転により生じる．外部磁場がない場合には各々の磁気モーメントがばらばらな方向を向いているので，全体として磁気モーメントは打ち消し，磁化は **0** である．外部から磁場をかけると，式 (4.10) のエネルギーを下げるために各々の磁気モーメントは磁場の向きを向こうとする．しかし，このようなミクロな磁気モーメントに対しては熱運動の影響を無視することができない．**統計力学**によれば，磁性体は磁場によるエネルギー U ではなく，**自由エネルギー** $F = U - TS$ を最小にしようとふるまう．ここで T は絶対温度，S は**エントロピー**である．エントロピーは「乱雑さ」の指標となる量である．温度が低いときには U を小さくしようと各々の磁気モーメントが磁場の向きを向くので，磁化率は大きい．温度が高いと S を大きくしようと磁気モーメントが乱雑になりたがり，磁化率は小さくなる．その結果，磁化率は

$$\chi = \frac{C}{T} \tag{4.17}$$

のように絶対温度に反比例することがわかっている．これを**キュリーの法則**といい，C を**キュリー定数**という．

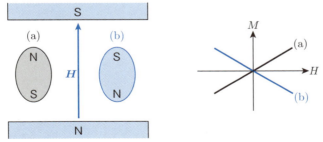

図 4.4 (a) 常磁性体と (b) 反磁性体の性質および磁場と磁化の関係．

4.6 反磁性体

外部から N 極を近づけると，わざわざその近くに N 極をつくって反発する物質も多い．そのような磁性体を**反磁性体**という．反磁性体ではかけた磁場と正反対の向きに磁化が発生するので，磁化率は負である（図 4.4 (b)）．反磁性体の例として水やプラスチックなどがある．このような物質の反磁性の磁化率は -10^{-5} 程度と非常に弱いため，それを観測することは困難である．

ただ，一部の物質は極低温において磁化率が -1 という強い反磁性を示す．この性質を**完全反磁性**といい，それを示す物質に**超伝導体**がある．式 (4.16) によれば超伝導体の内部の磁束密度は常に **0** である．超伝導体は図 4.5 のように磁束を完全に排除するために，磁石の上に置こうとすると宙に浮き上がる．

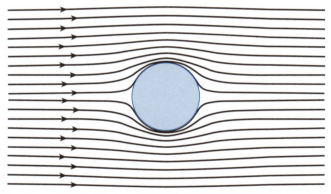

図 4.5 一様磁場がかかった超伝導体の周囲の磁束密度のようす．

4.7 強磁性体

強磁性体とは，磁場をかけなくても磁化が生じている物質である．この磁化を**自発磁化**という．自発磁化をもつ球形強磁性体の磁束のようすはすでに図4.1に示した．

強磁性体における磁場と磁化の関係は複雑で，磁化はそのときの磁場だけでなく，過去にどのような磁場を経験したかにも依存する．これを**履歴現象**，あるいは**ヒステリシス**という．典型的なヒステリシス曲線（**ヒステリシスループ**）を図4.6に示す．ヒステリシスループが縦軸と交わる場所での磁化の値を**残留磁化**，横軸と交わる場所での磁場の値を**保磁力**という．

ヒステリシスの起源について説明する．強磁性体は外部磁場がなくても自発磁化をもっているが，もし全体が一様に磁化されていると外部の空間に磁場を発生し，その磁場によるエネルギーが余分に生じてしまう（10章）．そのため，強磁性体は自らを磁化の向きが異なる区画に分け，磁場が外に漏れないような構造を取りたがる．このように分かれたそれぞれの区画を**磁区（ドメイン）**といい，磁区どうしの境界面を**磁壁**という．強磁性は磁気モーメントどうしに互いに同じ向きを向こうとする相互作用がはたらくことで出現する．磁壁の両側では異なる向きの磁気モーメントが対峙することになるので，磁壁では余分なエネルギーが発生する．このエネルギーの増加と，外部に磁場を発生させることによるエネルギーの増加の合計を最も小さくするように磁区構造が決まる．

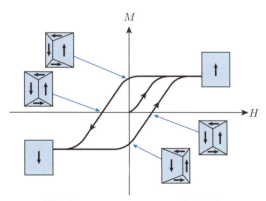

図4.6　ヒステリシスループと磁区．

52 第 4 章　磁場と磁性体

外部から磁場をかけると，磁壁が移動することにより，磁場と同じ向きに磁化された磁区が領域を広げる．しかし，磁性体に格子欠陥などがあると，そこに磁壁が引っかかり，移動が妨げられる．そのため，磁区構造は現在の外部磁場だけでなく，過去の履歴を引きずる．これがヒステリシスの起源である．

強磁性体の磁化を変化させるためには，外部から磁場を加える必要がある．式 (4.9) より磁場 H を加えて磁化を dM 変化させるための仕事は $\mu_0 H\, dM$ なので，磁化を M_1 から M_2 に変化させる間に磁場がする仕事は

$$\mu_0 \int_{M_1}^{M_2} H\, dM \tag{4.18}$$

である．磁化を M_2 から M_1 に変化させる場合には別の経路をたどるので，ヒステリシスループを 1 周するように磁化を変化させる際には，ループが囲む面積に等しい仕事をしなくてはならない．この仕事は，磁壁の移動に伴う摩擦熱に変化する．保磁力や残留磁化が大きく，顕著なヒステリシスを示す強磁性体を**硬磁性材料**，ヒステリシスをほとんど示さない強磁性体を**軟磁性材料**という．硬磁性材料は**永久磁石**やハードディスクなどの**磁気記録材料**に応用されている．一方，軟磁性材料は磁場の変動によるエネルギーの損失が少ないことを利用して，変圧器の鉄心や磁場を遮蔽する材料などに用いられている．

磁性体に外部から磁場をかけると表面に磁極が発生し，その磁極が磁性体内部に磁場を発生させる．この磁場は一般に外部磁場と逆向きなので**反磁場**とよばれる．磁性体内部に実際にかかっている磁場は，外部磁場と反磁場を合わせたものである．強磁性体のように磁化が大きい場合には反磁場の影響は無視できない．反磁場は磁性体の形状に依存する．例えば薄い板状の磁性体の厚み方向に磁化が発生している場合の反磁場は，式 (4.13) で示したように $-M$ である．

4 章の問題

☐ **4.1**　一様でない磁場中に磁気双極子が置かれている．磁気双極子が受ける力を求めなさい．

☐ **4.2**　半径 a のリングの中心軸上に，軸の向きを向いた磁気双極子が置かれている．リングを貫く磁束を磁気双極子の位置の関数として求めなさい．

☐ **4.3**　一様に磁化された球状の磁性体がある．磁化が M のときの反磁場を求めなさい．

5 電流と電気抵抗

　電荷の流れを電流という．ここではまず「流れ」というものの表現方法を学ぶ．電荷は何もないところから発生したり消滅したりすることがないので，電流と電荷密度は電荷保存則という法則を満たす．電束を時間で微分したものを変位電流という．電荷密度が時間的に変化する場合には，ある領域に出入りする電流の総和は 0 ではない．しかし，変位電流も合わせて考えるとそれは必ず 0 になる．

　電流を妨げる原因を電気抵抗という．電気抵抗がある物体を電流が流れると，その両端には電流に比例した電圧が発生する．これをオームの法則という．オームの法則を理解するためには，ミクロな視点で原子の構造や電子の運動を考察する必要がある．電気抵抗がある物体を電流が流れると，電気エネルギーが熱に変わる．これをジュール熱という．

---

5 章で学ぶ概念・キーワード

- 電流，電流密度
- 電荷保存則
- 変位電流
- 電気伝導度，電気抵抗率，電気抵抗
- 緩和時間，易動度
- オームの法則
- ジュール熱

54　　　　　　　第5章　電流と電気抵抗

5.1　電　　　流

　導体を線状にしたものを**導線**という．孤立した導線を放置すると，電位が一定になるように電荷が分布し，電荷は静止する．しかし，導線の両端に電位差を生じさせ続けることにより，強制的に電荷の流れ，すなわち**電流**をつくることができる．電流の単位は**アンペア**（A）である．ある場所を1秒間あたり1クーロンの電荷が通過する場合，電流の大きさを1Aと定義する．

　現存する物質は原子から構成される．そのため電荷の電気量には最小値があり，これを**電気素量**という．電気素量の値は

$$e = 1.602 \times 10^{-19} \text{ C}$$

である．原子では，正に帯電した**原子核**の周囲に，負に帯電した**電子**が存在する．原子核は帯電した**陽子**と電荷をもたない**中性子**からなる．陽子は正電荷 e をもち，電子は負電荷 $-e$ をもつ．

　導体のうち**金属**では，一部の電子が原子核から離れ，自由に動ける**自由電子**としてふるまう．自由電子が抜け出た原子の残りの部分は正に帯電したイオン殻であり，金属全体の電気的中性は保たれている．イオン殻は静止しているが自由電子は運動することができ，電流を生じる．一方，**半導体**では不純物元素を混入（**ドープ**）させることにより，電流を運ぶ微量な電荷が発生する．これを**キャリアー**という．半導体のキャリアーには負に帯電した電子だけでなく，正に帯電した**正孔**（**ホール**）もある．正孔は電子の抜けた孔が正電荷のように運動しているものとして理解できる．

　ここで電荷の密度や速度と電流の関係を整理しておく．例えば断面積 S の導線中に電気量 q の電荷が存在し，その数密度（単位体積あたりの数）を n とする．全ての電荷が導線の断面に垂直な方向に速度 v で運動しているとき，単位時間あたりに断面を通過する電荷の数は nvS なので，電流は

$$I = nqvS \tag{5.1}$$

と書くことができる．単位断面積あたりを流れる電流を**電流密度**という．この例では電流密度の大きさは nqv である．電流は導線だけでなく，さらに広い領域を流れる場合もある．そこで，ある場所における電流密度をベクトルとして

5.1 電流

$$i = nq\bm{v} \tag{5.2}$$

のように定義する．ここで $\bm{v}$ はその場所における電荷の速度である．図 5.1 に示すように，ある微小面積ベクトル $d\bm{S}$ を単位時間あたりに通過する電荷は体積 $\bm{v} \cdot d\bm{S}$ に含まれる電荷であるので，$d\bm{S}$ を貫く電流を

$$dI = nq\bm{v} \cdot d\bm{S} = \bm{i} \cdot d\bm{S}$$

と表すことができる．これを用いると，任意の曲面を貫く電流は

$$I = \iint \bm{i} \cdot d\bm{S} \tag{5.3}$$

である．この積分は曲面上で行う．

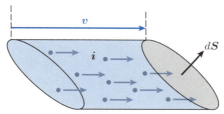

図 5.1 微小面積を貫く電流．

電荷は消滅したり，何もないところから発生したりすることはない．これを**電荷保存則**という．

例題 5.1

電荷密度が時間によらずに一定なら，ある閉曲面における積分

$$\iint \bm{i} \cdot d\bm{S} \tag{5.4}$$

は必ず 0 になることを示しなさい．

【**解答**】 この積分は，閉曲面で囲まれた領域から流れ出る電流の総和を表している．もしこの値が 0 でないなら，領域内の電荷が時間とともに変化することになり，題意に反する．したがって，この積分は 0 でなければならない． ∎

56　　　　　　第5章　電流と電気抵抗

電荷密度が時間に依存する場合はどうだろうか. その場合には, ある閉曲面で囲まれた領域の電荷の総量を Q とし, その領域から流れ出る電流の総量を I とすると, 電荷保存則より

$$\frac{\partial Q}{\partial t} + I = 0 \tag{5.5}$$

が満たされなければならない. 電荷密度 $\rho(\boldsymbol{r}, t)$ および電流密度 $\boldsymbol{i}(\boldsymbol{r}, t)$ を用いて電荷保存則を表すと

$$\frac{\partial}{\partial t} \iiint \rho \, dV + \iint \boldsymbol{i} \cdot d\boldsymbol{S} = 0 \tag{5.6}$$

となる. ここで3重積分は閉曲面で囲まれた空間を, 2重積分は閉曲面をそれぞれ積分範囲とする.

実際には, 電荷は全て等しい速度で運動しているわけではなく, 一粒一粒異なっている. 今までの計算で用いた電荷の速度とは, あくまで平均速度である. その意味は電荷を空気の分子に例えるとわかりやすい. 室温では, 空気の分子はおよそ 10^2 m/s 程度の速さで運動しているが, 平均速度が **0** ならその運動を感じることはない. しかし, 平均速度が **0** でない場合には, それを「風」として感じる. 分子サイズまで拡大してしまうと, 風速は定義できない. しかし, ある程度マクロに眺めれば, その周辺領域における分子の平均速度としての風速を場所ごとに定義できる. ここで扱う電流密度も電荷の集団を連続体とみなせるスケールで考える.

5.2 変 位 電 流

式 (5.6) の電荷保存則にガウスの法則を適用すると，第 1 項は

$$\frac{\partial}{\partial t} \iint \boldsymbol{D} \cdot d\boldsymbol{S} \tag{5.7}$$

と書き直せるので，電荷保存則は任意の閉曲面における積分として

$$\iint \left(\boldsymbol{i} + \frac{\partial \boldsymbol{D}}{\partial t} \right) \cdot d\boldsymbol{S} = 0 \tag{5.8}$$

と表すことができる．この式から明らかなように

$$\frac{\partial \boldsymbol{D}}{\partial t} \tag{5.9}$$

は電流密度と同じ役割をもつ量なので，**変位電流密度**あるいは**電束電流密度**という．また，これを面で積分したものを**変位電流**あるいは**電束電流**という．変位電流は電荷の移動を伴わない「電流」とみなすことができる．式 (5.8) によれば，変位電流も含めると，任意の領域に流れ込む電流と流れ出す電流は必ず等しい．これは電荷密度が時間変化する場合も成り立つ．

5.3 電気抵抗とオームの法則

一般に電流を発生させるには，電圧すなわち電位差が必要である．実験によれば，電気を流す物体の両端に電圧 V をかけて電流 I を測定すると

$$V = RI \tag{5.10}$$

という比例関係が成り立っていることが知られている．これを**オームの法則**といい，比例係数 R を**電気抵抗**という．電気抵抗の単位は**オーム**（Ω）である．同じ電圧をかけた場合に R が大きいと流れる電流は少なくなるので，電気抵抗とは電気の「流れにくさ」を表す量と考えることができる．電気抵抗は物体の材質だけでなく，太さや長さによっても変わる．例えば物体の断面積が倍になれば電気抵抗は半分に，長さが倍になれば電気抵抗は倍になる．理想的な導線では電気抵抗は 0 である．それに対して，意図的に電気抵抗が大きい物質をつくり出すこともできる．「電気抵抗」という用語はそのような物質そのものを指す場合もある．

オームの法則をミクロの立場から説明してみよう．電流は電荷（キャリアー）の運動がその起源である．電荷は電場により加速されるので，電圧をかけると電流は時刻に比例して増加することになるが，それだとオームの法則を説明できない．そこで電場による力以外に，速度に比例する**抵抗力**がはたらくと仮定してみる．その比例係数を b とすると，電荷の運動方程式は

$$m \frac{dv}{dt} = qE - bv \tag{5.11}$$

となる．ここで，係数 b は質量を時間で割った次元をもつので $b = \frac{m}{\tau}$ と表すことにする．τ は時間の次元をもつ量であり，**緩和時間**とよぶ．この方程式は，速度が増加するほど加速されにくくなることを示しており，速度はいずれ**終端速度** $\overline{v}$ という一定値に達する（図 5.2 黒線）．終端速度に達すると加速度が 0 になるので，上式の左辺を 0 とおくことにより終端速度が

$$\overline{v} = \frac{q\tau E}{m} \tag{5.12}$$

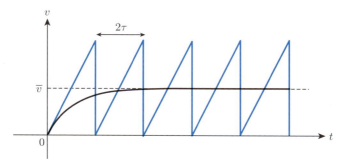

図 5.2 電荷の速度の時間依存性．黒線は速度に比例する抵抗力のモデル，青線は衝突モデルに基づくもの．

と求まる．緩和時間 τ は終端速度に近づく時間の目安と考えてよい．電場と終端速度の比例係数

$$\mu = \frac{\overline{v}}{E} = \frac{q\tau}{m} \tag{5.13}$$

を**易動度**という．これは，電荷に $1\,\mathrm{V/m}$ の電場をかけた場合に達する終端速度を m/s 単位で表したものであるので，易動度の単位は $\mathrm{m^2/(V\,s)}$ である．半導体の場合は電荷を担うキャリアーの符号が正にも負にもなりうるので，それに応じて易動度の符号も変わる．易動度の絶対値は，質量が軽く，緩和時間が長いほど大きくなる．

電流をミクロな電子の流れと考えた場合に，速度に比例する抵抗力を受けるという仮定は現実的ではない．なぜなら電子の運動を妨げる原因は他の粒子との衝突であり，衝突により速度は不連続に大きく変わるからである．どのタイミングで衝突を起こすか，それにより速度がどう変わるかは不規則なので予測することは難しい．そのため，式 (5.11) は 1 個の電子の運動方程式ではなく，多数の電子の平均速度に対する式だと考えるべきである．

60　　　　　　　　第 5 章　電流と電気抵抗

┌─ **例題 5.2** ──────────────────────────
　電子が時間 2τ ごとに衝突し，そのたびに速度が 0 になるという単純な
モデルを考え，電場が E のときの平均速度を求めなさい．
└─────────────────────────────────────

【解答】　静止していた電子が電場により加速されると，速さは時間に比例して増加し，
$\frac{2q\tau E}{m}$ に達すると再び 0 に戻る．この過程を繰り返すため，速さは図 5.2 青線に示す
鋸の刃のような時間依存性を示し，その平均値は

$$\overline{v} = \frac{q\tau E}{m} \tag{5.14}$$

となる．これは式 (5.12) の終端速度と一致する．　　　　　　　　　　　　■

　速度に比例する抵抗力のモデルでも，例題 5.2 の衝突モデルでも，図 5.2 に示
す電子の終端速度あるいは平均速度は電場に比例する．以下に示すように，こ
の比例関係がオームの法則の起源である．
　電荷が単位体積あたりに n 個存在する場合，電流密度 i は

$$i = nq\overline{v} = nq\mu E = \frac{nq^2\tau}{m}E \tag{5.15}$$

である．これは電流密度が電場に比例することを表し，比例係数

$$\sigma = nq\mu = \frac{nq^2\tau}{m} \tag{5.16}$$

を**電気伝導度**という．向きも含めて表すと

$$i = \sigma E \tag{5.17}$$

である．電気伝導度の単位は $\Omega^{-1}\,\mathrm{m}^{-1}$ である．電気伝導度は電気の流れやす
さの目安であり，形状によらない物質固有の量である．式 (5.16) によれば，電
気伝導度が大きいための条件として，キャリアーの電気量が大きいこと，電荷
密度が大きいこと，易動度が大きいことがある．電流を「物流」に例えて考え
てみよう．輸送能力を増やすには 3 つの方法がある．1 つ目は，トラック 1 台
あたりの積荷を増やすことであり，q を増やすことに相当する．2 つ目は，輸送
に使うトラックの台数を増やすことであり，n を増やすことに相当する．3 つ
目は，速く移動できる高速道路を使うことで，μ を増やすことに相当する．

5.3 電気抵抗とオームの法則

電気伝導度の逆数を**電気抵抗率**あるいは**比抵抗**という．電気抵抗率の単位は $\Omega\,\mathrm{m}$ である．電流密度を i，電場を $\boldsymbol{E}$ とすると，電気抵抗率 ρ は

$$\boldsymbol{E} = \rho \boldsymbol{i} \tag{5.18}$$

と定義される．図 5.3 のように長さ L，断面積 S の物質に一様な電流 I が流れており，両端に電圧 V が発生している場合には

$$V = EL, \quad I = iS$$

なので，式 (5.18) より

$$V = \rho \frac{L}{S} I \tag{5.19}$$

という関係が導かれる．ここで

$$R = \rho \frac{L}{S} \tag{5.20}$$

とすれば式 (5.10) のオームの法則に一致する．以上により，オームの法則のミクロな起源が明らかにされた．

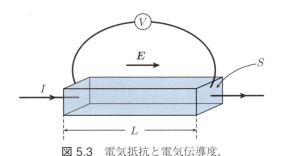

図 5.3　電気抵抗と電気伝導度．

5.4 電力とジュール熱

電位が V_1 の場所から V_2 の場所まで電気量 q の電荷が移動すると、静電エネルギーが $q(V_1 - V_2)$ 減少するので、電荷は移動の際に $q(V_1 - V_2)$ の仕事をする。電位差 $V = V_1 - V_2$ の区間を電流 I が流れていると、単位時間に $\frac{I}{q}$ 個の電荷が移動するので、単位時間あたりに電流がする仕事は

$$P = \frac{I}{q} qV = IV \tag{5.21}$$

と表すことができる。これを**電力**という。電力の単位は仕事率と同じワット（W）である。電流は電球を光らせたり電車を走らせたりスピーカーから音を出したりとさまざまな仕事をするが、単位時間あたりにする仕事は必ず電力に一致する。

電流が単に電気抵抗を流れている場合には、電位差から取り出した仕事は見かけ上消えてしまっているが、ミクロに見ればそうではない。電気抵抗の起源は電子が他の粒子と衝突することにあるので、電流は他の粒子の乱雑な運動を引き起こす。その乱雑な運動はマクロに見れば熱であるので、電気抵抗によって失われたように見えるエネルギーは、実は熱エネルギーに変わっているといえる。この熱を**ジュール熱**という。オームの法則も合わせると、ジュール熱は

$$P = IV = RI^2 = \frac{V^2}{R} \tag{5.22}$$

と表される。ジュール熱の符号は、電流の向きによらず常に正である。

5章の問題

□ **5.1**　電荷密度が時間によらずに一定なら、ある閉曲線で囲まれた曲面を通過する電流は、曲面をどのようにとっても同じであることを示しなさい。

□ **5.2**　平行板コンデンサーに電流 I が流れこんでいる。極板間の空間における変位電流を計算しなさい。

□ **5.3**　時刻 2τ ごとに衝突を起こすモデルにおいて、失われるエネルギーがジュール熱に等しいことを示しなさい。

6 電流がつくる磁場

　電気と磁気は類似した現象ではあるが，それらには直接関連性がないと長い間思われていた．しかし，エルステッドによる偶然の発見を契機に電流が磁場をつくることが明らかになり，電気と磁気が統合されることになった．電流と磁場の関係については，ビオとサバール，アンペールが独自に異なる観点から法則にまとめた．本章ではそれらの法則の関係についても触れる．

　磁気双極子の起源をたどると電流に行き着くことから，磁石の正体が電流にあることが明らかになった．その考えによれば，磁気単極子が存在しないことも自然に理解できる．

6章で学ぶ概念・キーワード
- ビオ–サバールの法則
- アンペールの法則
- ソレノイドの磁場
- 変位電流
- 磁気双極子の起源

6.1 ビオ–サバールの法則

エルステッド（1777–1851）は 1820 年，電流を流すと近くの方位磁石の針が振れることを偶然発見し，電流が磁場をつくることを明らかにした．時刻によらず一定の電流を**定常電流**という．十分長い直線状の導線に大きさ I の定常電流を流した場合には，導線から距離 a だけ離れた場所で大きさ

$$H = \frac{I}{2\pi a} \tag{6.1}$$

の磁場が観測される．この磁場の向きは次のようになる．電流に垂直で観測点を含む平面上に，電流が貫く位置を中心とし，円周に観測点を含む円を描く（図 6.1）．電流が手前から奥に貫いているときに，円周を時計回りに回る向きが観測点における磁場の向きである．このような直進と回転の向きの関係をねじに例えて**右ねじの法則**という．

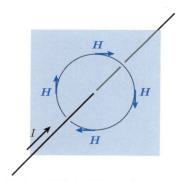

図 6.1 電流と磁場の向きの関係．

直線電流でない場合でも，電流全体がつくる磁場は電流のそれぞれの部分がつくる磁場の重ね合わせで表すことができる．定常電流 I が流れている導線上の位置を l とし，電流の向きにとった微小線要素を dl とする．このとき，導線上の位置 l 付近の微小線要素 dl の部分を流れる電流は，観測点 r に

$$d\boldsymbol{H}(\boldsymbol{r}) = \frac{I}{4\pi} \frac{d\boldsymbol{l} \times (\boldsymbol{r} - \boldsymbol{l})}{|\boldsymbol{r} - \boldsymbol{l}|^3} \tag{6.2}$$

6.1 ビオ–サバールの法則

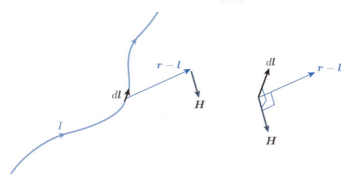

図 6.2 ビオ–サバールの法則.

という微小磁場をつくる（図 6.2）．これを**ビオ–サバールの法則**という．この微小磁場の大きさはクーロンの法則と同じく電流要素からの距離の 2 乗に反比例する．微小磁場の向きは，微小電流要素の向きと，電流から観測点に向かう向きの両方に垂直であり，右ねじの法則に従う．電流全体がつくる磁場は，式 (6.2) を l で積分することにより以下のように表される．

$$H(r) = \frac{I}{4\pi} \int \frac{dl \times (r-l)}{|r-l|^3} \tag{6.3}$$

クーロンの法則とは異なり，電流がつくる磁場では「磁位」というものが定義できない．例えば式 (6.1) において直線電流を囲む半径 a の円周に沿って磁場を線積分すると

$$\oint H \cdot dr = I \tag{6.4}$$

となる．これは仮にある場所に「磁位」があったとしても，それは電流のまわりを 1 周するごとに I だけ値が変わってしまうので一意的に決まらないことを意味する．

磁場がつくる電流に関しても重ね合わせの原理が成り立つ．電流が連続的に分布する場合のビオ–サバールの法則は，電流密度 $i(s)$ を用いて

$$H(r) = \frac{1}{4\pi} \iiint \frac{i(s) \times (r-s)}{|r-s|^3} dV \tag{6.5}$$

と表される．ただしここでは積分変数を s とした．

例題 6.1

ビオ–サバールの法則から直線電流がつくる磁場が式 (6.1) のようになることを導きなさい．

【解答】 図 6.3 のように z 軸上を正の向きに電流 I が流れているとする．

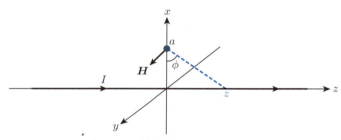

図 6.3 直線電流がつくる磁場．

このとき電流の位置は $\boldsymbol{l} = (0, 0, z)$ と表すことができる．観測点を $\boldsymbol{r} = (a, 0, 0)$ とすると

$$d\boldsymbol{l} \times (\boldsymbol{r} - \boldsymbol{l}) = (0, 0, dz) \times (a, 0, -z) = (0, a\,dz, 0) \tag{6.6}$$

$$|\boldsymbol{r} - \boldsymbol{l}|^3 = \left(\sqrt{a^2 + z^2}\right)^3 \tag{6.7}$$

なので，磁場は y 成分のみをもち，式 (6.3) により

$$H_y = \frac{I}{4\pi} \int_{-\infty}^{+\infty} \frac{a}{(a^2 + z^2)^{\frac{3}{2}}} \, dz \tag{6.8}$$

となる．$z = a \tan\phi$ と変数変換すると

$$H_y = \frac{I}{4\pi a} \int_{-\frac{\pi}{2}}^{+\frac{\pi}{2}} \cos\phi \, dz = \frac{I}{2\pi a} \tag{6.9}$$

となり，式 (6.1) が得られる．

6.2 アンペールの法則

アンペール (1775–1836) は 1822 年,電流 I と磁場 $\boldsymbol{H}$ が

$$\oint \boldsymbol{H} \cdot d\boldsymbol{r} = I \tag{6.10}$$

という関係を満たすことを発見した.これを**アンペールの法則**という.左辺は閉曲線を 1 周する経路に沿った磁場の線積分であり,I はその閉曲線を貫く電流である(図 6.4).ここで積分経路は電流に対して右ねじの法則を満たす向きにとる約束にする.式 (6.4) に示したように,直線電流に対して円形の経路を考えれば,式 (6.1) が式 (6.10) を満たしていることは明らかである.閉曲線を貫く電流が連続的に分布している場合には,アンペールの法則は電流密度 $\boldsymbol{i}$ を用いて

$$\oint \boldsymbol{H} \cdot d\boldsymbol{r} = \iint \boldsymbol{i} \cdot d\boldsymbol{S} \tag{6.11}$$

と表される.右辺の積分は閉曲線が囲む曲面上で行う.

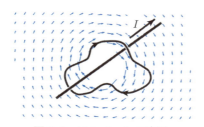

図 6.4 アンペールの法則.

アンペールの法則によれば,ある閉曲線に沿った磁場の線積分は,その閉曲線で囲まれた面を貫く電流に等しい.その際,電荷が時間的に変化しないなら,閉曲線で囲まれた面を貫く電流は面のとり方によらない(5 章演習問題 5.1).しかし,電荷が時間変化する場合にはそうはいかない.そのような場合でも成り立つようにするには,変位電流も含めた電流密度を用いてアンペールの法則を

$$\oint \boldsymbol{H} \cdot d\boldsymbol{r} = \iint \left(\boldsymbol{i} + \frac{\partial \boldsymbol{D}}{\partial t} \right) \cdot d\boldsymbol{S} \tag{6.12}$$

と書き直せばよい.

6.3 ビオ–サバールの法則から アンペールの法則を導く

ビオ–サバールの法則とアンペールの法則は一見似ても似つかないが，定常電流の場合には同じ法則を異なる表現方法で表したにすぎない．ここではビオ–サバールの法則が成り立てば必ずアンペールの法則も成り立つことを証明しよう（その逆については9章でふれる）．電流上の位置ベクトルを l，磁場を観測する閉曲線上の位置ベクトルを r で表す．このとき

$$\oint H(r) \cdot dr = \frac{I}{4\pi} \oint \left(\int \frac{dl \times (r - l)}{|r - l|^3} \right) \cdot dr \tag{6.13}$$

が I であることが証明できればよい．

図 6.5 のように，電流上の点 l に視点を置き，そこを中心とした半径 1 の球面を考える．視点と r を結ぶ直線がこの球面と交わる場所に点を打つと，r が閉曲線を描くのにつれて球面上の点も閉曲線を描く．この球面上の閉曲線が囲む曲面の面積を**立体角**という．立体角は見た目の「大きさ」といいかえてもよい．例えば太陽と月がほぼ同じ大きさに見えるのは立体角がほぼ同じだからである．次に，視点 l をわずかに動かしたときの立体角の変化を考えてみることにする．

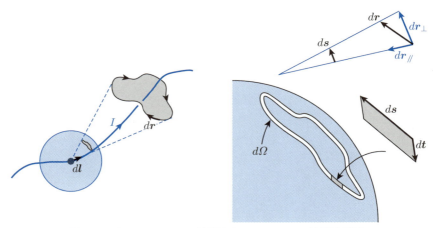

図 6.5 ビオ–サバールの法則からアンペールの法則を導く．

6.3 ビオ–サバールの法則からアンペールの法則を導く **69**

視点が動かずに r が dr だけ変化すると，それにつれて球面上の点も動く．その変化を ds と表すことにしよう．一方，r を固定して視点 l が dl 動いた場合にも球面上の点は動く．その変化を dt としよう．次に ds および dt を実際に求めてみる．まず dr を $r - l$ に平行な成分 $dr_{//}$ と垂直な成分 $dr_\perp$ に分けると，

$$|ds| : |dr_\perp| = 1 : |r - l|$$

より

$$ds = \frac{1}{|r - l|}\, dr_\perp \tag{6.14}$$

となる．dl についても同様に $dl = dl_{//} + dl_\perp$ と分け，視点を dl 動かすのは r を $-dl$ 動かすのと同等であることを用いると

$$dt = -\frac{1}{|r - l|}\, dl_\perp \tag{6.15}$$

と書くことができる．ここで $l - r$ の向きの単位ベクトルを n とすると

$$
\begin{aligned}
(dl \times dr) \cdot n &= \left\{ (dl_{//} + dl_\perp) \times (dr_{//} + dr_\perp) \right\} \cdot n \\
&= (dl_\perp \times dr_\perp) \cdot n \\
&= -|r - l|^2 (dt \times ds) \cdot n
\end{aligned} \tag{6.16}
$$

となる．$n = \frac{r - l}{|r - l|}$ およびベクトル恒等式 $(A \times B) \cdot C = (B \times C) \cdot A$ から

$$
\begin{aligned}
(dt \times ds) \cdot n &= -\frac{(dl \times dr) \cdot (r - l)}{|r - l|^3} \\
&= dl \times \frac{r - l}{|r - l|^3} \cdot dr
\end{aligned} \tag{6.17}
$$

となる．外積の定義により $(dt \times ds) \cdot n$ は ds と dt を辺とする微小な平行四辺形の（符号付きの）面積である．これを全ての ds について足したものは，視点を dl 動かす前と後でのそれぞれの閉曲線に挟まれた領域の面積に等しいので，視点の移動に伴う閉曲線の立体角の変化は

$$d\Omega = dl \times \oint \frac{r - l}{|r - l|^3} \cdot dr \tag{6.18}$$

と表すことができる．これをさらに l について積分すると，導線に沿って端から端まで（電流の上流側を最初の位置，下流側を最後の位置とする）視点を動

70　　　　　　　第 6 章　電流がつくる磁場

かしながら r が描く閉曲線を眺めた際の立体角の変化が得られる．無限に長い導線を考えた場合，導線が閉曲線を貫いている場合の立体角の変化は必ず 4π になる．ただし閉曲線の積分経路は電流に対して右ねじの法則を満たす向きとする．以上により，

$$\oint \left(\int \frac{d\boldsymbol{l} \times (\boldsymbol{r} - \boldsymbol{l})}{|\boldsymbol{r} - \boldsymbol{l}|^3} \right) \cdot d\boldsymbol{r} = 4\pi \tag{6.19}$$

が示された．これを式 (6.13) に代入すると

$$\oint \boldsymbol{H} \cdot d\boldsymbol{r} = I \tag{6.20}$$

となり，アンペールの法則が得られる．

📺 超伝導

　慣性の法則によれば運動している物体は力を加えなくてもそのまま動き続けるはずであるが，実際には摩擦や空気抵抗のためにいずれ止まってしまう．同様に，電圧を加え続けない限り，電流は電気抵抗のためにやがて消えてしまうはずである．

　オランダのオネス (1853–1926) は 1911 年に，水銀の電気抵抗率が 4.2 K 以下の低温で突然 0 になることを発見し，この現象を**超伝導**と名づけた．リング状の超伝導物質に電流を流して低温のまま放置すると，数年にわたっても電流が全く衰えない（リングに電流が流れているかどうかは，発生する磁場を測定すればわかる）．このような電流を**永久電流**という．

　超伝導物質は，すでに 4.6 節で述べたように完全反磁性も示す．さらに，リング状の超伝導物質を貫く磁束が必ず $\frac{h}{2e} = 2.068 \times 10^{-15}$ Wb の整数倍になる**磁束の量子化**という現象も示す．この現象にプランク定数 h が顔を出すことから想像できるように，超伝導の起源は量子力学にさかのぼる．

　超伝導は純粋な物理現象としても非常に興味深いが，電力を全く消費しない送電線，強力な電磁石，量子コンピュータなどへの応用も期待されている．

6.4 対称性を利用した考察

ビオ–サバールの法則によれば，電流分布が与えられると磁場は必ず一意的に決まる．しかし，アンペールの法則と対称性を利用したほうが簡単に磁場を求めることができる場合がある．

— 例題 6.2 —

円形のコイルに流れる電流がコイルを含む面につくる磁場の向きについて考察しなさい．

【解答】 磁場を，半径方向，円周方向，面に垂直な方向の 3 成分に分けてみる．最初に，例えば時計回りに電流が流れているときに，観測点から円の中心に向かう磁場が発生すると仮定してみる．ビオ–サバールの法則から，電流を逆向きにすると磁場も逆向きになるので，反時計回りの電流を流すと磁場は外向きに向かうはずである．その状態でコイルの表裏をひっくり返すと，電流は時計回りなのに磁場は外向きとなり，最初の仮定と矛盾する．したがって，コイル面上の磁場は半径方向の成分をもってはならない．次に，円周方向の磁場があると仮定すると，観測点を含む円周に沿って磁場を線積分すると 0 でない値が残る．しかし，この積分経路を貫く電流は 0 なのでアンペールの法則と矛盾する．以上より，コイル面上の磁場は，必ずコイル面に垂直な成分のみをもつことが導かれた． ■

導線をらせん状に密に巻いて円筒形にしたものを**ソレノイド**という．ソレノイドを円形コイルを密に積み重ねたものとみなそう（図 6.6 (a)）．以下では，ソレノイドは十分に長いものとして考える．まず，ある観測点における磁場の向きについて考えてみる．観測点を含み，ソレノイド軸に垂直な平面を考える．この平面上に，ソレノイド軸が貫く場所を中心とし，円周に観測点を含む円を考える．まず円形コイルの場合と同様の考察により，磁場の半径方向の成分がないことがわかる．またアンペールの法則により，円周方向の成分がないことも示される．以上により，ソレノイドがつくる磁場はソレノイド軸に平行な成分のみをもつことが明らかになった．また，ソレノイドは十分長いので，観測点をソレノイド軸に平行に移動しても磁場の大きさは変わらないはずである．

ここで，ソレノイドの内側だけ，あるいは外側だけで，ソレノイド軸と平行な辺を含む長方形の経路（図 6.6 (b)）に沿って磁場を線積分してみる．この場

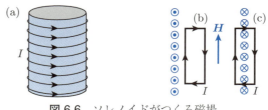

図 6.6　ソレノイドがつくる磁場.

合は電流が貫かない経路なので線積分は 0 でなければならない．磁場はソレノイド軸に平行な成分しかもたないので，積分のうち 0 でないのはソレノイド軸に平行な経路の部分であり，それらは打ち消す．以上より，ソレノイドの内部，外部ではそれぞれ磁場が場所によらずに一定であるという結論が導かれる．

ソレノイドの内側と外側にまたがる長方形の経路（図 6.6 (c)）に沿って磁場を線積分したものは，アンペールの法則により，経路を貫く電流に一致する．よってソレノイド軸方向に平行な辺の長さを 1 とすると，

$$H_\mathrm{i} - H_\mathrm{o} = nI \tag{6.21}$$

という関係が導かれる．ここで H_i, H_o はそれぞれソレノイド内部，外部における磁場である．また，n は単位長さあたりのコイルの巻き数を表す．

磁場の大きさを決定するために，決して途切れることがないという磁束の性質を用いる．今考えているソレノイド以外に磁場を発生させる原因がないなら，ソレノイドの内側を貫く磁束は端で回り込んで外側の空間を逆向きに進み，反対側の端からソレノイドの内側に入り込むことになる．つまり，ソレノイドの内部と外部をそれぞれ貫く磁束の大きさは等しいので，$\mu_0 |H_\mathrm{i}| S_\mathrm{i} = \mu_0 |H_\mathrm{o}| S_\mathrm{o}$ でなければならない．ここで S_i, S_o はソレノイド軸に垂直な平面のうちソレノイドの内部の部分，外部の部分の面積である．S_o は事実上無限大とみなせるので，これは $H_\mathrm{o} = 0$ を意味する．

以上により，単位長さあたりの巻き数 n のソレノイドに電流 I を流すと，ソレノイドの内側だけに大きさ

$$H = nI \tag{6.22}$$

の一様な磁場が軸方向に発生することが示された．

6.5 微小円電流と磁気双極子

微小円電流が離れた場所につくる磁場を求めてみよう．図 6.7 のように xy 平面の原点のまわりに半径 a の円があり，円周上に電流 I が z 軸の正の向きから見て反時計回りに流れている．このとき，円周上の位置は $\boldsymbol{l} = (a\cos\phi, a\sin\phi, 0)$ と表される．十分離れた観測点 $\boldsymbol{r} = (r\sin\theta, 0, r\cos\theta)$ における磁場を求めてみよう．この場合

$$\boldsymbol{r} - \boldsymbol{l} = (r\sin\theta - a\cos\phi, -a\sin\phi, r\cos\theta) \tag{6.23}$$

$$|\boldsymbol{r} - \boldsymbol{l}|^3 = \{(r\sin\theta - a\cos\phi)^2 + a^2\sin^2\phi + r^2\cos^2\theta\}^{\frac{3}{2}}$$
$$= (r^2 + a^2 - 2ra\sin\theta\cos\phi)^{\frac{3}{2}} \tag{6.24}$$

であり，$r \gg a$ とすると

$$|\boldsymbol{r} - \boldsymbol{l}|^{-3} \approx r^{-3}\left(1 + 3\frac{a}{r}\sin\theta\cos\phi\right) \tag{6.25}$$

となる．一方

$$d\boldsymbol{l} = a\,d\phi(-\sin\phi, \cos\phi, 0) \tag{6.26}$$

であるので，

$$d\boldsymbol{l} \times (\boldsymbol{r} - \boldsymbol{l}) = (r\cos\phi\cos\theta, r\sin\phi\cos\theta, a - r\cos\phi\sin\theta)a\,d\phi \tag{6.27}$$

である．これらをビオ–サバールの法則の式 (6.3) に代入すると

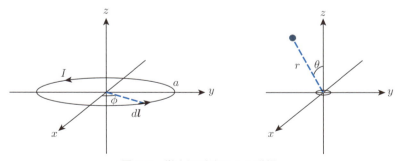

図 6.7 微小円電流による磁場．

$$H_x = \frac{3I}{4r^3} a^2 \sin\theta \cos\theta$$

$$H_y = 0$$

$$H_z = \frac{I}{4r^3} a^2 (2 - 3\sin^2\theta) \tag{6.28}$$

となる（演習問題 6.3）．一方，原点に z 軸方向を向いた大きさ $|\boldsymbol{m}|$ の磁気双極子が存在するとき，式 (4.11) により位置 $\boldsymbol{r}$ の磁場は

$$H_x = \frac{3}{4\pi\mu_0} \frac{|\boldsymbol{m}|}{r^3} \sin\theta \cos\theta$$

$$H_y = 0$$

$$H_z = \frac{3}{4\pi\mu_0} \frac{|\boldsymbol{m}|}{r^3} (2 - 3\sin^2\theta) \tag{6.29}$$

と求められる．式 (6.28) と式 (6.29) を比較すると，$|\boldsymbol{m}| = \mu_0 I a^2 \pi$ とすれば両者がつくる磁場は全く同じであることがわかる．

実は，正負の磁極の対だと思っていた今までの磁気双極子の姿は幻で，微小円電流こそが磁気双極子の正体だったのである．そう考えると，磁気単極子を絶対に取り出すことができない理由も自然に理解できる．磁気双極子と微小円電流の関係を向きも含めて表すと

$$\boldsymbol{m} = \mu_0 I S \boldsymbol{n} \tag{6.30}$$

である．ここで S は電流が囲む円の面積，$\boldsymbol{n}$ は円に垂直で，電流が時計回りに見える向きから眺めたときに手前から奥に向かう単位ベクトルである．同様に磁気モーメントを

$$\boldsymbol{\mu} = I S \boldsymbol{n} \tag{6.31}$$

と表すことができる．

6章の問題

□ **6.1** 半径 a のリング状のコイルに電流 I を流した際に，コイルの中心に発生する磁場をビオ–サバールの法則 (6.3) から計算しなさい．

□ **6.2** 半径 a のリング状コイルが 2 つ平行に置かれており，それぞれ同じ向きに同じ大きさの電流が流れている．このとき，2 つのコイルの中心の場所に，できるだけ均一な（中心軸上で移動しても大きさがほとんど変わらない）磁場をつくりたい．2 つのコイル間の距離をどのようにするのがよいかを考えなさい．

□ **6.3** 式 (6.28) を導きなさい．

📘 **磁石の正体**

微小円電流の起源として原子核のまわりの電子の軌道運動を考えてみる．電子の質量を m_e，軌道半径を r，速さを v とすると，角運動量の大きさは

$$L = m_e v r \tag{6.32}$$

である．電子が一周するのに要する時間は $\frac{2\pi r}{v}$ なので，電子の電荷を $-e$ とすると単位時間あたり $-\frac{ev}{2\pi r}$ の電荷が軌道を通過する．この値は電流 I に等しい．一方，電流が囲む面積は $S = \pi r^2$ であるので磁気モーメントの大きさは，

$$\mu = |I| S = \frac{ev}{2\pi r} \cdot \pi r^2 = \frac{evr}{2} \tag{6.33}$$

である．向きも含めて表すと，磁気モーメントと角運動量の間には

$$\boldsymbol{\mu} = -\frac{e}{2m_e} \boldsymbol{L} \tag{6.34}$$

という関係がある．電子は**量子力学**にしたがって運動しているので，角運動量の磁場方向の成分は任意ではなく $\hbar = 1.05457 \times 10^{-34}$ J s の整数倍に限られることがわかっている．ここで $\hbar$ は**プランク定数** h を 2π で割ったものである．したがって，軌道運動する電子のつくる磁気モーメントの磁場方向の成分は

$$\mu_B = \frac{e\hbar}{2m_e} \tag{6.35}$$

の整数倍に等しい．$\mu_B = 9.274 \times 10^{-24}$ J/T は**ボーア磁子**とよばれ，磁気モーメントの最小単位を意味する．実際には，電子は公転に相当する軌道運動だけではなく，自転に相当する**スピン**ももっており，むしろ後者が磁性の起源になっている場合の方が一般的である．

7 ローレンツ力と ファラデーの電磁誘導

　静電荷にはたらくクーロン力は，一方の電荷が電場をつくり，他方の電荷がその電場を感じて力を受ける，という考え方で理解できた．同じことを磁場について考えると，ある電流が磁場をつくるなら，別の電流はその磁場を感じて力を受けることが期待できる．そのような力は実際に存在し，電気エネルギーを運動エネルギーに変えるモーターなどに応用され，私たちの生活に欠かせないものとなっている．磁場が電流に及ぼす力を突き詰めると，磁場が運動する荷電粒子に及ぼす力に行きつく．これをローレンツ力という．

　ファラデーは，時間的に変化する磁場が電圧を発生させることを発見した．この現象を電磁誘導という．電磁誘導は運動エネルギーを電気エネルギーに変える発電機などに応用されている．

7章で学ぶ概念・キーワード
- 電流が磁場から受ける力
- ローレンツ力
- ホール効果
- ファラデーの電磁誘導の法則
- 自己誘導
- 相互誘導

7.1 電流が受ける力

6章で説明したように，磁気双極子の正体は電流である．一方，4章で説明したように磁気双極子は磁場により力を受ける．このことは，電流が磁場から力を受けることを意味する．実験によると，一様な磁束密度 B の磁場中に大きさ I の直線電流が存在するとき，電流のうち長さ l の部分には力

$$F = Il \times B \tag{7.1}$$

がはたらく（図 7.1）．ここで l は電流の向きを向いた大きさ l のベクトルである．これらの向きの関係は，左手の親指，人差し指，中指をそれぞれが直交するように開いたとき，中指が電流，人差し指が磁場，親指が力の向きとすれば簡単に理解できる．この向きの関係を**フレミングの左手の法則**とよぶ．直線でない電流や非一様磁場の場合に電流にはたらく力を求める場合には，電流の微小な線要素 dl にはたらく微小な力

$$dF = Idl \times B$$

を足し合わせればよい．

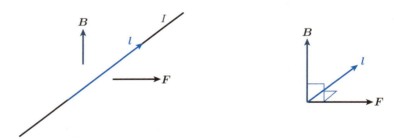

図 7.1　電流が磁場から受ける力．

無限に長い 2 本の互いに平行な電流間にはたらく力を求めてみよう．それぞれの導線を流れる電流を I_1, I_2 とし，それらは同じ向きに電流が流れている場合には同符号，逆向きの場合には異符号と定義する．導線どうしの距離を r とすると，1 番目の電流が 2 番目の電流の位置につくる磁束密度の大きさは式 (6.1)

を利用して
$$\mu \frac{|I_1|}{2\pi r} \tag{7.2}$$
と求まる．この磁束密度により 2 番目の導線の単位長さが受ける力は，式 (7.1) により

$$F = \mu \frac{I_1 I_2}{2\pi r} \tag{7.3}$$

となる．ここで符号が正の場合は引力，負の場合は斥力を表す（図 7.2）．同様に，1 番目の導線の単位長さが受ける力を求めると同じ式になるので，**作用・反作用**の法則が満たされている．この式によれば，決められた距離だけ離れた平行電流どうしにはたらく力を測定すれば電流が求まるので，実験によって電流の値を正確に求める際に用いられる．真空中で 1 m 離れた同じ大きさの平行電流にはたらく引力が 2×10^{-7} N のとき，電流の大きさは 1 A である．

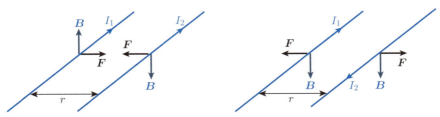

図 7.2　平行電流どうしにはたらく力．

例題 7.1

図 7.3 のような一辺の長さが a の正方形コイルに電流 I が流れている．コイル面の法線ベクトル n と磁場のなす角が θ のとき，このコイルが受ける力のモーメントを計算しなさい．法線ベクトルは電流が時計回りに見えるとき手前から奥に向かう向きとする．

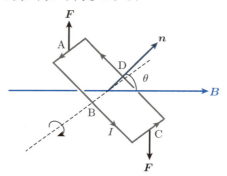

図 7.3 正方形コイルが受ける力のモーメント．

【解答】 辺 A と辺 C には大きさ $\mu_0 IHa$，辺 B と辺 D には大きさ $\mu_0 IHa\cos\theta$ の力がはたらく．このうち，辺 B と辺 D にはたらく力の作用線は同じなので完全に打ち消すが，辺 A と辺 C の力は偶力となり，大きさ

$$2 \times \frac{a}{2} \times \mu_0 IHa\sin\theta = \mu_0 IHS\sin\theta \tag{7.4}$$

の力のモーメントを生じる．ここで S はコイルが囲む面積 a^2 である．$\boldsymbol{m} = \mu_0 IS\boldsymbol{n}$ と定義すれば，力のモーメントは $\boldsymbol{m}\times\boldsymbol{H}$ と書くことができる．式 (4.8) と比較すると，この正方形コイルは大きさ $\mu_0 IS$ の磁気双極子とみなせることがわかる．これは式 (6.30) で述べたこととも一致する． ■

以上のように，電流を流したコイルを磁場中におくと，力のモーメントが発生し，コイル面を最も安定な向きに向かせようとする．そこで，コイルの向きに応じて電流の向きを変えるようにすると，常に同じ向きに回転させようとする力のモーメントを生じる仕組みをつくることができる．このような装置を**モーター**あるいは**電動機**という．モーターは電気エネルギーを運動エネルギーに変換する．

7.2 ローレンツ力

電流が磁場から力を受けるということは，運動する電荷が磁場から力を受けることを意味する．電荷の電気量と平均速度をそれぞれ q, v，導線の単位体積あたりの電荷の数を n，導線の断面積を S とすると，電流は

$$I = nqSv$$

である．これを式 (7.1) に代入すると

$$\boldsymbol{F} = nqS\boldsymbol{v} \times \boldsymbol{B}l \tag{7.5}$$

である．これは nSl 個の電荷が受ける力を合わせたものなので，各々の電荷は

$$\boldsymbol{f} = q\boldsymbol{v} \times \boldsymbol{B} \tag{7.6}$$

という力を磁場から受ける（図 7.4）．これを**ローレンツ力**という．ローレンツ力の向きは常に電荷の進行方向および磁場に垂直である．そのため，導線のように運動の方向を束縛するものがなく，空間を自由に運動できる荷電粒子に磁場をかけると，速度と力は常に垂直なので運動の向きが絶えず変わる．変位と力が常に垂直なので，ローレンツ力は仕事をせず，運動エネルギーを変えない．この性質は電子顕微鏡のレンズや加速器などに応用されている．ローレンツ力は速度に依存するので，ローレンツ力を場所だけの関数として表すことや，ポテンシャルエネルギーの勾配として表すことはできない．

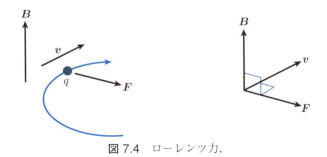

図 7.4　ローレンツ力．

82　　第 7 章　ローレンツ力とファラデーの電磁誘導

── 例題 7.2 ──────────────

磁束密度 $\boldsymbol{B} = (0, 0, B)$ の一様磁場中で，質量 m，電気量 q の荷電粒子に初速度 $\boldsymbol{v} = (v_x, v_y, v_z)$ を与えた．その後の運動を求めなさい．

【解答】 式 (7.6) より荷電粒子の運動方程式は

$$m\dot{\boldsymbol{v}} = q\boldsymbol{v} \times \boldsymbol{B} \tag{7.7}$$

である．変数の上の点（・）は時間微分を表す．これを成分ごとに書くと

$$m\dot{v}_x = qv_y B \tag{7.8}$$

$$m\dot{v}_y = -qv_x B \tag{7.9}$$

$$m\dot{v}_z = 0 \tag{7.10}$$

となる．これらより，今後の便宜のため，定数 v_0，α，v_{z0} を用いて初速度を $(v_0 \sin\alpha, v_0 \cos\alpha, v_{z0})$ と表すことにすると

$$v_x = v_0 \sin(\omega t + \alpha) \tag{7.11}$$

$$v_y = v_0 \cos(\omega t + \alpha) \tag{7.12}$$

$$v_z = v_{z0} \tag{7.13}$$

という解が得られる．ここで

$$\omega = \frac{qB}{m} \tag{7.14}$$

とした．この運動は，速さ v_0 の xy 軸方向の円運動と速度 v_{z0} の z 軸方向の等速直線運動を組み合わせたらせん運動である．特に $v_{z0} = 0$ の場合は単純な円運動をする．これを**サイクロトロン運動**といい，その角速度 ω を**サイクロトロン振動数**という．磁場の大きさがわかっているときにサイクロトロン振動数を測定できれば質量と電荷の比（**質量電荷比**）がわかる． ■

── 例題 7.3 ──────────────

z 軸の正の向きに大きさ B の磁束密度が，y 軸の正の向きに大きさ E の電場が存在するときの，質量 m，電気量 q の荷電粒子の運動を求めなさい．ただし，運動は xy 平面内の運動に限るものとする．

【解答】 電場による力 (1.4) とローレンツ力 (7.6) を受ける荷電粒子の運動方程式は

7.2 ローレンツ力

$$m\dot{\boldsymbol{v}} = q\boldsymbol{E} + q\boldsymbol{v} \times \boldsymbol{B} \tag{7.15}$$

と書ける．ここで $\boldsymbol{E} = (0, E, 0)$, $\boldsymbol{B} = (0, 0, B)$ を代入し，成分ごとの運動方程式を書くと

$$m\dot{v}_x = qv_y B \tag{7.16}$$
$$m\dot{v}_y = qE - qv_x B \tag{7.17}$$
$$m\dot{v}_z = 0 \tag{7.18}$$

である．ここで $V_x = v_x - \frac{E}{B}$ と変数変換すると

$$m\dot{V}_x = qv_y B \tag{7.19}$$
$$m\dot{v}_y = -qV_x B \tag{7.20}$$

である．これは式 (7.8) と式 (7.9) と同じ形なので

$$v_x = v_0 \sin(\omega t + \alpha) + \frac{E}{B} \tag{7.21}$$
$$v_y = v_0 \cos(\omega t + \alpha) \tag{7.22}$$

となる．これらを t で積分し，

$$r = \frac{v_0}{\omega} = \frac{mv_0}{qB}$$

とすると

$$x = -r\cos(\omega t + \alpha) + \frac{E}{B} t + x_0 \tag{7.23}$$
$$y = r\sin(\omega t + \alpha) + y_0 \tag{7.24}$$

である．ただし x_0, y_0 は任意の定数とした．これは半径 r の円運動と速度 $\frac{E}{B}$ の x 軸方向の並進運動を組み合わせたものであり，図 7.5 のような軌跡を描く．

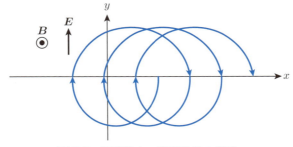

図 7.5 電磁場中の荷電粒子の運動．

7.3 ホール効果

図 7.6 のような直方体の半導体に磁束密度 $\boldsymbol{B} = (0, 0, B)$ の磁場がかかっており，x 軸方向に電流を流すことを試みる．このとき速度 $(v, 0, 0)$ で運動する電気量 q のキャリアーにはローレンツ力 $(0, -vB, 0)$ がかかるので，運動の方向は曲げられる．その結果，y 軸方向に電荷密度の偏りが生じ，y 軸方向に電場が発生する．この現象を**ホール効果**といい，発生した y 軸方向の電場を**ホール電場**という．平衡状態に達するとホール電場による力とローレンツ力はつり合い，結果として電流は x 軸方向にまっすぐ流れるようになる．

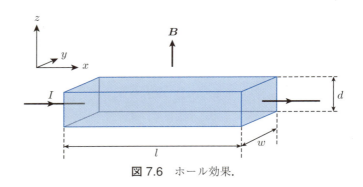

図 7.6 ホール効果．

電場の y 成分，すなわちホール電場を E_y と書くと，平衡状態では

$$qE_y - qvB = 0 \tag{7.25}$$

である．単位体積あたりのキャリアーの数を n とすると，電流密度と速度には

$$i = nqv$$

の関係がある．これを式 (7.25) に代入すると

$$E_y = \frac{iB}{nq} = R_\mathrm{H} iB \tag{7.26}$$

が成り立つ．この比例係数 R_H を**ホール係数**という．直方体の x 軸，y 軸，z 軸方向の辺の長さをそれぞれ l, w, d とし，x 軸方向に流れる電流を I，y 軸方向に発生する電圧を V_y とすると，

$$I = iwd, \quad V_y = wE_y$$

なので，ホール係数は実験的に

$$R_{\mathrm{H}} = \frac{E_y}{iB} = \frac{V_y d}{IB} \tag{7.27}$$

のように求めることができる．一方，式 (7.26) よりホール係数の値は

$$R_{\mathrm{H}} = \frac{1}{nq} \tag{7.28}$$

であるので，ホール係数を測定することにより，キャリアーの電気量や密度に関する情報を得ることができる．

■ 量子ホール効果

　半導体素子を利用すると電子を 2 次元平面に閉じ込めることができる．その場合でも，平面に垂直に磁場をかけるとホール効果が起きる．試料を流れる電流を I，電流に垂直に発生した電圧を V としたとき，$\sigma_{\mathrm{H}} = \frac{I}{V}$ を**ホール伝導度**という．式 (7.26) によればホール伝導度は磁場に反比例することが期待される．

　ところが，1980 年にフォン・クリッツィングは，σ_{H} が極低温において $n\frac{e^2}{h}$（n は整数）のような飛び飛びの値を取ることを実験により発見した．これを量子ホール効果という．この現象は物質によらず，磁場中の 2 次元電子系に普遍的に見られる．

　ホール伝導度には電子の電荷 e に加えてプランク定数 h が顔を出している．このことから，この現象が量子力学に由来する現象であることがわかる．この現象を用いれば，$\frac{h}{e^2} = 25812.80745\,\Omega$ という値を実験的に正確に求めることができるため，量子ホール効果は電気抵抗の値の標準として利用されている．

7.4 ファラデーの電磁誘導

ファラデー (1791–1867) は 1831 年，磁場が時間的に変動すると電圧が発生することを発見した．例えば，図 7.7 のように導線で輪をつくり，一部を切断してその両端を電圧計につなぐ．

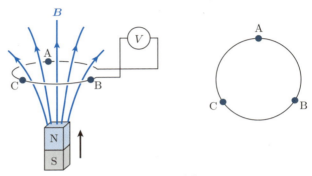

図 7.7 電磁誘導．

近くの磁石が静止しているときには電圧計の値は 0 であるが，磁石を動かすと電圧計は 0 でない値を示す．つまり，輪を貫く磁束が時間的に変化している場合だけ電圧が発生するのである．この現象を**電磁誘導**という．この場合は場所ごとの電位を定義することができない．例えば，同じように磁石を近づけている場合，輪を切断する位置を変えて電圧を測ると，B は A より高電位，C は B より高電位，A は C より高電位という結果が得られる．その結果，輪を一周して元に戻ると電位が食い違ってしまう．そのため，電圧計の両端に生じる電圧を「電位差」ではなく**起電力**とよぶ．起電力の単位は電位と同じボルト (V) である．輪を一周したときの起電力を V，輪を貫く磁束を Φ とすると，両者には

$$V = -\frac{d\Phi}{dt} \tag{7.29}$$

という関係がある．これを**ファラデーの電磁誘導の法則**といい，電磁誘導によって生じた起電力を**誘導起電力**，その元になる電場を**誘導電場**という．ここでは右ねじの法則にならって手前から奥を $\frac{d\Phi}{dt}$ の正の向きとしたとき，時計回りに

7.4 ファラデーの電磁誘導

電流を流そうとする向きを V の正の向きと定義している.

式 (7.29) によれば,磁石の N 極を手前から近づけると導線には反時計回りの電流を流そうとする起電力が生じることになる.もし導線が閉じていれば,実際に電流が流れる.これを**誘導電流**という.誘導電流は磁場を発生させるが,その向きは必ず誘導起電力の原因である磁束の変化を打ち消す向きである.これを**レンツの法則**という.

誘導起電力は,閉じた経路に沿って誘導電場を線積分したものとして

$$V = \oint \boldsymbol{E} \cdot d\boldsymbol{r} \tag{7.30}$$

と表すことができる.この積分は静電場の場合の式 (1.30) と違って 0 にはならない.一方,磁束密度が与えられている場合,磁束は

$$\Phi = \iint \boldsymbol{B} \cdot d\boldsymbol{S} \tag{7.31}$$

と表すことができる.積分範囲は閉曲線を輪郭とする曲面である.以上をまとめると,ファラデーの電磁誘導の法則は,

$$\oint \boldsymbol{E} \cdot d\boldsymbol{r} = -\frac{\partial}{\partial t} \iint \boldsymbol{B} \cdot d\boldsymbol{S} \tag{7.32}$$

と表すこともできる.

7.5 発電機

電磁誘導を利用して運動エネルギーを電気エネルギーに変換させる装置を**発電機**という．最も単純な発電機のモデルを図 7.8 に示す．正方形のコイルがあり，一組の向かい合う辺の中点を貫く軸のまわりを回転できるようになっているとする．コイルの導線は軸受けを通じて外部の回路と電気的に接続されている．このコイルを回転軸に垂直な一様磁場中で回転させると，コイルを貫く磁束 Φ は

$$\Phi(t) = BS\cos\omega t \tag{7.33}$$

のように時間とともに変化する．ここで B は磁束密度の大きさ，S はコイルの面積，ω は回転の角速度である．ファラデーの電磁誘導の法則 (7.29) より，コイルに発生する誘導起電力は

$$V(t) = -\frac{d\Phi(t)}{dt} = BS\omega\sin\omega t = V_0 \sin\omega t \tag{7.34}$$

となる．ここで $V_0 = BS\omega$ とした．このように時間的に振動する電圧を**交流電圧**という．電圧を発生するだけでは発電機は仕事をしたことにはならず，電流を流すことによって初めて仕事をする（演習問題 7.3）．

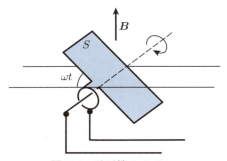

図 7.8 発電機のモデル．

7.6 自己誘導

一般に，コイルに流れる電流 I と自らを貫く磁束 Φ には

$$\Phi = LI \tag{7.35}$$

という比例関係があり，比例係数 L を**自己インダクタンス**という．ただし，Φ はコイルの「実質的な」面積を貫く磁束として定義されている．例えば，コイルが囲む面積が S で，コイルが N 回巻いてある場合の実質的な面積は NS である．例としてソレノイドを考えよう．長さ l，断面積 S，巻き数 N のソレノイドに電流 I を流すと，式 (6.22) より内部に $\frac{N}{l}I$ という磁場が発生するので，実質的な磁束内部には

$$\Phi = \mu \frac{N}{l} I \cdot NS$$

がソレノイドを貫く．したがって，自己インダクタンスは

$$L = \mu \frac{N^2 S}{l} \tag{7.36}$$

となる．自己インダクタンスの単位は**ヘンリー**（H）である．

コイルに時間とともに変化する電流を流すと，貫く磁束が時間変化して誘導起電力が生じる．この現象を**自己誘導**という．自己誘導による起電力は

$$V = -\frac{d\Phi}{dt} = -L \frac{dI}{dt} \tag{7.37}$$

であるので，自己インダクタンスは自己誘導の激しさを表す量と考えることもできる．電流が 1 秒あたり 1 A 変化するときに 1 V の起電力を生じるコイルの自己インダクタンスは 1 H である．

ソレノイドがエネルギーを蓄えることができることを示そう．電流が流れていないソレノイドに徐々に電流を流していき，時間 T をかけて最終的に電流値を I にするために必要な仕事を考えてみる．ここではソレノイドに電気抵抗はないものとしよう．大きさ v の起電力に逆らって電荷 q を運ぶのに必要な仕事は qv であるので，微小時間 dt に電流 i がする仕事は $iv\,dt$ である．起電力の原因が誘導起電力なら式 (7.37) より

90 第7章　ローレンツ力とファラデーの電磁誘導

$$v = L \frac{di}{dt} \tag{7.38}$$

であるので，電流を増加させる過程での仕事は

$$\begin{aligned}
W &= \int dW = \int_0^T iv\, dt \\
&= L \int_0^T i \frac{di}{dt}\, dt = L \int_0^I i\, di \\
&= \frac{1}{2} L I^2
\end{aligned} \tag{7.39}$$

となる．これはソレノイドが蓄えているエネルギーと解釈できる．

📘　電気ボンベ

　式 (7.39) によれば電流が流れているソレノイドはエネルギーを蓄えているといえる．しかし，ソレノイドに電流を流しっぱなしにすれば，ジュール熱によりエネルギーがどんどん失われていくので，ソレノイドをエネルギー貯蔵に利用することは現実的ではない．ただし，6 章のコラムで説明した超伝導物質を利用すれば話は別である．

　超伝導物質でつくったソレノイドに電流を流していくと，電流を増加させる過程で外部電源は仕事をする必要がある．電流が十分に流れた段階で回路を切り替え，超伝導物質だけを通って電流が循環するようにすれば，ジュール熱を全く発生することなくソレノイドに電流が流れ続けている状態を保持することができる．つまり，外部電源がした仕事がそのままエネルギーとしてソレノイドに蓄えられるのである．そして，必要になったら回路を外部に接続すれば，そのエネルギーを取り出すことができる．

　つまり，超伝導ソレノイドは，まるでガスボンベのように電流を溜め込むことができる「電気ボンベ」のようなものと考えてもよい．超伝導状態の保持のために低温が必要なことなどを考えると応用できる場面は限られるが，このような「電気ボンベ」は電池やコンデンサーの欠点を補う新たな電力貯蔵法として注目を集めている．

7.7 相互誘導

図 7.9 のように電気的に接続されていない 2 つの独立したコイルがあるとし，それらをそれぞれ **1 次コイル**，**2 次コイル**とよぶことにしよう．このとき，1 次コイルに発生した磁束が 2 次コイルを貫くようにコイルを配置した装置を**トランス**または**変圧器**という．

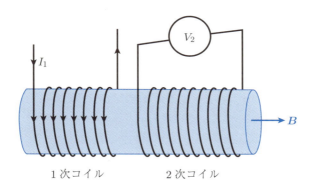

図 7.9　トランスの模式図．実際には一方のコイルで発生した磁束が全て他方のコイルを貫くようになっている．

1 次コイルを流れる電流が時間的に変化し，発生する磁束が変化すると，2 次コイルにも誘導起電力が発生する．つまり，電気的には接続されていないにもかかわらず，1 次コイルの電流の変化が 2 次コイルに電圧を発生させるのである．このような現象を**相互誘導**という．1 次コイルに流れる電流 I_1 と，2 次コイルの実質的な面積を貫く磁束 Φ_2 には

$$\Phi_2 = M I_1 \tag{7.40}$$

という比例関係が成り立つ．この係数 M を**相互インダクタンス**といい，単位 H で表す．例えば長さ l，断面積 S の円筒に巻き数 N_1 の 1 次コイルと巻き数 N_2 の 2 次コイルが重ねて巻いてある透磁率 μ のソレノイドの場合には

$$\Phi_2 = \mu \frac{N_1}{l} I_1 \cdot N_2 S$$

なので

92　　　第 7 章　ローレンツ力とファラデーの電磁誘導

$$M = \mu \frac{N_1 N_2 S}{l} \tag{7.41}$$

となる．2 次コイルに流れる電流が無視できる場合には，2 次コイルに発生する起電力を V_2 とすると

$$V_2 = -\frac{d\Phi_2}{dt} = -M \frac{dI_1}{dt} \tag{7.42}$$

である．1 次コイル（自己インダクタンス L_1）の両端に発生する電圧を V_1，2 次コイルの両端に発生する電圧を V_2 とすると，それらの比は

$$\frac{V_2}{V_1} = \frac{M}{L_1} = \frac{N_2}{N_1} \tag{7.43}$$

となり，巻き数の比に比例する．したがって変圧器は 1 次コイルの両端に発生した電圧を，巻き数の比だけ拡大あるいは縮小して 2 次コイルに伝える役割をもっているといえる．

　2 次コイルに流れる電流が無視できない場合には，2 次コイルに発生する電圧には 2 次コイルの自己誘導の寄与も含まれる．また，1 次コイルの電圧には相互誘導を通じて 2 次コイルの電圧が影響する．その場合，1 次コイル，2 次コイルの自己インダクタンスをそれぞれ L_1, L_2 とすると

$$\left. \begin{array}{l} V_1 = -L_1 \dfrac{dI_1}{dt} - M \dfrac{dI_2}{dt} \\[2mm] V_2 = -M \dfrac{dI_1}{dt} - L_2 \dfrac{dI_2}{dt} \end{array} \right\} \tag{7.44}$$

となる（演習問題 7.4）．ただし，ここでは電流は図 7.9 の矢印の向きを正の向き，電圧は左側より右側が高電位の場合を正としたので符号に注意すること．

7.8 ローレンツ力による起電力

　電磁誘導は静磁場に対して導線が運動している場合にも生じる．これはローレンツ力で説明することができる．例えば図 7.10 のように直線状の導線の長さ方向に垂直に磁束密度 B の磁場がかかっているとする．導線を磁場と長さ方向の双方に垂直に速度 v で動かすと，導線内に存在する電荷 q は導線に沿った向きに大きさ qvB のローレンツ力（$v = |v|$, $B = |B|$）を受ける．

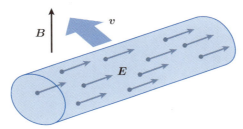

図 7.10　ローレンツ力による起電力．

　これは電荷にとっては大きさ vB の電場がかかっているのと同じことであり，この電場を位置で積分すれば起電力が求まる．例えば長さ l の導線の両端に発生する起電力は vlB である．ここで，vl は導線が単位時間あたりに「塗りつぶす」面積なので，vlB は単位時間あたりに導線が横切る磁束と解釈できる．

　もしも閉じた閉回路が形を変えずに一様磁場中を動く場合には，このようなローレンツ力による起電力は回路全体で打ち消す．しかし，例えば閉回路が変形して横切る磁束が打ち消されない場合には起電力が生じる．その大きさは，閉回路を貫く磁束の単位時間あたりの変化に一致するので，ファラデーの電磁誘導による考察と同じ結論が導かれる．

7章の問題

7.1 導線を密に巻いた円筒形のソレノイドに電流が流れている．ソレノイド自身が内部に発生する磁場の大きさが H であるとき，ソレノイドが受ける単位面積あたりの力を求めなさい．

7.2 電気伝導度 σ とホール係数 R_H の測定から易動度を求める方法を考えなさい．

7.3 図 7.8 に示す発電機の電極に電気抵抗 R をつないだ．コイルを流れる電流と，発電機の回転を維持するために必要な仕事を求めなさい．

7.4 式 (7.44) が成り立つことを示しなさい．

8 電気回路

　抵抗，コンデンサー，コイルなどさまざまな特性をもつ素子を導線でつないだものを電気回路という．電気回路にはつなぎ方によって特定の機能をもたせることができる．ここではまず，電荷の保存則や電位の一意性を回路に応用したキルヒホッフの法則について説明する．次に簡単な回路について，微分方程式により電流や電圧の時間依存性を計算してみる．さらに，電流や電圧が周期的に変動する交流が存在する場合に，複素数を用いて回路の特性を求める方法を学ぶ．それによると，コンデンサーやコイルも複素数の世界では抵抗と同様に扱うことができる．抵抗を複素数に拡張した概念をインピーダンスという．

8章で学ぶ概念・キーワード
- 電気抵抗，コンデンサー，コイルの特性
- キルヒホッフの法則
- 合成抵抗，合成静電容量，
  合成インダクタンス
- RC 回路，LC 回路
- 複素インピーダンス
- 皮相電力，力率

8.1 キルヒホッフの法則

電池や発電機などの電源や，電気抵抗，コンデンサー，コイルなどの**回路素子**を導線で結んだものを**回路**という．通常，導線の電気抵抗は無視し，コンデンサー以外に電荷を蓄える場所はないと考える．電源には，指定された電圧を発生することができる**定電圧電源**，指定された電流を発生させることができる**定電流電源**がある．さらに電源は，(1) 時間によらず一定の電圧や電流を発生させる直流電源と，(2) 時間とともに振動する電圧や電流を発生させる交流電源に分類される．回路素子を表す記号を図 8.1 にまとめる．

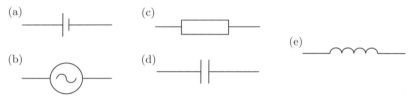

図 8.1 回路素子記号．(a) 直流電圧源．(b) 交流電圧源．(c) 抵抗．(d) コンデンサー．(e) コイル．

導線は電荷を蓄えることができないので，導線が枝分かれする場合には，結合点に流れ込む電流とそこから流れ出る電流は一致しなければならない．これを**キルヒホッフの第 1 法則**という．また，回路のある場所から出発して元に戻ってくる閉じた経路に沿って移動すると，電源や素子を通過するたびに電位は変化するが，元の場所に戻れば元の電位と一致しなくてはならない．これを**キルヒホッフの第 2 法則**という（図 8.2）．

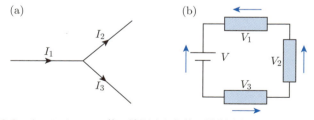

図 8.2 キルヒホッフの第 1 法則 (a) と第 2 法則 (b)．それぞれ $I_1 = I_2 + I_3$, $V = V_1 + V_2 + V_3$ が満たされる．この図で電圧は矢印の始点から終点の向きに測ることにしている．

8.2 抵抗，静電容量，自己インダクタンス

回路素子における電流 I と電圧 V の関係を整理しておこう．まず電流の符号を定義するために，回路の正の向きを定める．電圧の符号は，回路を正の向きにたどった場合に上流側が下流側よりも電圧が高い場合を正とする．

抵抗値 R の電気抵抗はオームの法則を満たすので，両端の電圧と電流は比例し

$$V = RI \tag{8.1}$$

となる．電流が抵抗を通過する際に電位が下がるので，抵抗の両端の電位差を**電圧降下**という．

静電容量 C のコンデンサーでは，正の電流が時間 dt 流れると，極板の電荷が $I\,dt$ 増加し，その結果，式 (2.15) より電圧が

$$dV = \frac{1}{C}\,I\,dt$$

だけ増加するので

$$\frac{dV}{dt} = \frac{1}{C}\,I \tag{8.2}$$

という関係が成り立つ．

コイルの場合には，電流が時間変化すると，大きさ $L\frac{dI}{dt}$ の起電力が電流の変化を妨げる向きに発生する．例えば $\frac{dI}{dt}$ が正なら起電力は負の向きである．これは負の向きに電流を流そうとする電池，すなわち上流側が下流側より電位が高い電池をつないだことと同じなので

$$V = L\frac{dI}{dt} \tag{8.3}$$

が成り立つ．回路においては自己誘導による電圧の符号の定義が式 (7.37) と異なる場合が多いので注意が必要である．

8.3 合成抵抗

複数の抵抗を組み合わせると，全体として1つの抵抗（これを**合成抵抗**という）としてふるまう．2つの抵抗を図8.3(a)のように導線の向きに並べたつなぎ方を**直列つなぎ**という．一方，図8.3(b)のように導線に対して枝分かれするように並べたつなぎ方を**並列つなぎ**という．

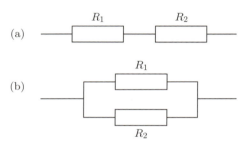

図 8.3 (a) 直列つなぎと (b) 並列つなぎ．

まず，抵抗 R_1 と抵抗 R_2 を直列につないだ場合の合成抵抗を求めてみる．どちらの抵抗にも共通の電流が流れているので，これを I としよう．抵抗 R_1，抵抗 R_2 の両端にはそれぞれ $R_1 I, R_2 I$ の電圧が発生するので，全体の電圧降下は

$$V = (R_1 + R_2)I$$

である．V を I で割ったものが抵抗なので，合成抵抗の値が

$$R_1 + R_2 \tag{8.4}$$

と求まる．

次に，抵抗 R_1 と抵抗 R_2 を並列につないだ合成抵抗に電流 I を流す場合を考える．電流は枝分かれしてそれぞれの抵抗に I_1, I_2 という電流が流れるとしよう．導線内では電位は一定でなければならないので，それぞれ抵抗の両端に発生した電圧は等しい．これを V とおくと，$I_1 = \frac{V}{R_1}, I_2 = \frac{V}{R_2}$ である．一方，キルヒホッフの第1法則より全体の電流は $I = I_1 + I_2$ なので

$$I = V\left(\frac{1}{R_1} + \frac{1}{R_2}\right)$$

であり，合成抵抗の値が
$$\frac{V}{I} = \frac{R_1 R_2}{R_1 + R_2} \tag{8.5}$$
と求まる．

コンデンサーやコイルについても同様に直列つなぎや並列つなぎを定義することができ，**合成静電容量**や**合成インダクタンス**を計算することができる．

例題 8.1

静電容量 C_1, C_2 のコンデンサーを直列，並列につないだ際の合成静電容量をそれぞれ求めなさい．

【解答】 まず直列の場合（図 8.4 (a)）を考える．電荷がない状態から充電し，それぞれの極板に電荷 $\pm Q$ が蓄えられている場合には，2つのコンデンサーをまとめた回路の両端に電圧
$$V = V_1 + V_2 = \frac{Q}{C_1} + \frac{Q}{C_2} \tag{8.6}$$
が生じる．したがって合成静電容量は
$$C = \frac{Q}{V} = \frac{C_1 C_2}{C_1 + C_2} \tag{8.7}$$
である．一方，並列につないだ場合（図 8.4 (b)）に，極板間の電圧を V とすると，2つのコンデンサーに蓄えられた電荷の和は
$$Q = Q_1 + Q_2 = C_1 V + C_2 V \tag{8.8}$$
となるので，合成静電容量は
$$C = \frac{Q}{V} = C_1 + C_2 \tag{8.9}$$
である．

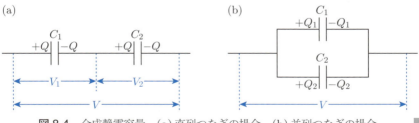

図 8.4 合成静電容量．(a) 直列つなぎの場合．(b) 並列つなぎの場合．

8.4 回路と微分方程式

回路素子の特性とキルヒホッフの法則を用いることにより，さまざまな回路における電流や電荷の時間依存性を**微分方程式**により求めることができる．

例題 8.2

図 8.5 のように抵抗とコンデンサーがつながっている閉じた回路を **RC 回路**という．抵抗，静電容量をそれぞれ R, C とする．最初にスイッチ SW が開いた状態でコンデンサーの極板間に V_0 の電圧がかかっているとする．時刻 $t=0$ でスイッチを閉じた後の極板間の電圧の時間依存性を求めなさい．また，最初と十分に時間が経った後でのコンデンサーの静電エネルギーを比較し，その差が何に対応しているかを考察しなさい．

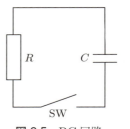

図 8.5　RC 回路．

【解答】 コンデンサーの極板間の電圧を V，抵抗を流れる電流を I とするとキルヒホッフの第 2 法則より

$$V - RI = 0 \tag{8.10}$$

である．ここで符号の定義に注意すると

$$-I = C \frac{dV}{dt} \tag{8.11}$$

であるので，式 (8.10), (8.11) より微分方程式

$$\frac{dV}{dt} = -\frac{1}{RC} V \tag{8.12}$$

が得られる．これを解くと

$$V = V_0 e^{-\frac{t}{RC}} \tag{8.13}$$

となり，コンデンサーの極板間の電圧は指数関数的に減衰していく（図 8.6）．RC は減衰にかかる時間の目安であり，**時定数**という．例えば $1 \times 10^6\ \Omega$ の抵抗と静電容量 1×10^{-6} F のコンデンサーの組合せの場合には時定数は 1 s である．

次にエネルギーについて考える．最初にコンデンサーに蓄えられていた静電エネルギーは式 (2.16) より

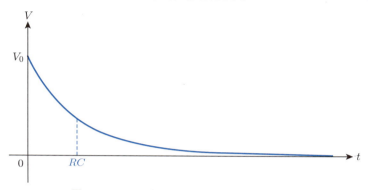

図 8.6 RC 回路における電圧の時間依存性.

$$\frac{1}{2}CV_0^2 \tag{8.14}$$

であり，十分に時間が経つとこれは消えてしまう．一方，抵抗を流れる電流は

$$I = \frac{V}{R} = -\frac{V_0}{R} e^{-\frac{t}{RC}} \tag{8.15}$$

なので，抵抗で発生したジュール熱を求めると式 (5.22) より

$$\int_0^\infty VI\,dt = \frac{V_0^2}{R}\int_0^\infty e^{-\frac{2t}{RC}}\,dt = \frac{1}{2}CV_0^2 \tag{8.16}$$

となり，消えた静電エネルギーに一致する． ∎

例題 8.3

図 8.7 のようにコイルとコンデンサーがつながっている閉じた回路を **LC 回路** という．自己インダクタンス，静電容量をそれぞれ L, C とし，スイッチ SW が開いた状態でコンデンサーの両極板にそれぞれ $+Q_0, -Q_0$ の電荷が蓄えられていたとする．時刻 $t=0$ でスイッチを閉じた後の極板の電荷の時間依存性を求めなさい．また，コンデンサーとコイルに蓄えられているエネルギーをそれぞれ求めなさい．

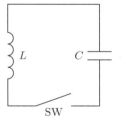

図 8.7 LC 回路．

【解答】 コンデンサーに蓄えられている電荷が Q のとき，式 (2.15) より極板間に発生する電圧は $\frac{Q}{C}$ である．一方，コイルに流れる電流が I のとき，コイルの両端に発生

する電圧は式 (8.3) より $L\frac{dI}{dt}$ なので，キルヒホッフの第2法則より

$$\frac{Q}{C} - L\frac{dI}{dt} = 0 \tag{8.17}$$

である．また電荷と電流には

$$I = -\frac{dQ}{dt} \tag{8.18}$$

の関係があるので，式 (8.17), (8.18) より微分方程式

$$\frac{d^2Q}{dt^2} = -\frac{1}{LC}Q \tag{8.19}$$

が得られる．与えられた初期条件のもとでこれを解くと

$$Q = Q_0 \cos\omega t \tag{8.20}$$

となる．ここで $\omega = \frac{1}{\sqrt{LC}}$ とした．電荷は図 8.8 のように角振動数 ω で振動する．

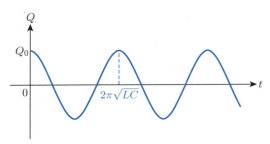

図 8.8 LC 回路における電荷の時間依存性．

コンデンサーに蓄えられているエネルギーは

$$\frac{1}{2C}Q^2 = \frac{1}{2C}Q_0^2 \cos^2\omega t \tag{8.21}$$

であり，式 (8.18) より $I = \omega Q_0 \sin\omega t$ なので，コイルに蓄えられているエネルギーは

$$\frac{1}{2}LI^2 = \frac{1}{2}LQ_0^2\omega^2\sin^2\omega t \tag{8.22}$$

である．これらを足した全体のエネルギーは

$$\frac{1}{2C}Q_0^2 \tag{8.23}$$

となり，時刻によらない．つまり，最初にコンデンサーに蓄えられていたエネルギーが回路全体で保存される．

8.5 交流回路

時間とともに振動する電流,すなわち交流電流は

$$I\cos\omega t \tag{8.24}$$

と表される.ここで ω を**角周波数**という.これは 1 秒間に繰り返される振動の数すなわち**周波数** f を用いて,$\omega = 2\pi f$ と表すこともできる.交流回路における電流や電圧の計算には**複素数**を用いると便利である.**虚数単位**を $j = \sqrt{-1}$ と書くことにすると,**オイラーの公式**より $e^{j\theta} = \cos\theta + j\sin\theta$ が成り立つ(電気回路理論では電流と混同しないように i ではなく j を用いて虚数単位を表す慣例がある).オイラーの公式を**複素数平面**で図示すると図 8.9 のようになる.そこで交流電流 $I\cos\omega t$ を,複素数 $Ie^{j\omega t}$ の実部を見ていると解釈してみよう.交流電流 $Ie^{j\omega t}$ を流したときに,回路素子の両端に発生する電圧を $Ve^{j\omega t}$ と書くことにする.素子が電気抵抗の場合には式 (8.1) より

$$V = RI \tag{8.25}$$

となる.

コンデンサーでは式 (8.2) より

$$\frac{d}{dt}(Ve^{j\omega t}) = \frac{1}{C}Ie^{j\omega t}$$

$$V = \frac{1}{j\omega C}I \tag{8.26}$$

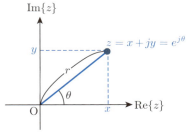

図 8.9 複素数平面とオイラーの公式.横軸は実軸,縦軸は虚軸を表す.

104　　　　　　　　第 8 章　電 気 回 路

となる．I が実数なら V は虚数になってしまうが，$Ve^{j\omega t}$ の実部が実際の電圧を表す．式 (8.26) の両辺の絶対値をとると $|I| = \omega C |V|$ なので，コンデンサーでは周波数が高いほど電流が流れやすい．また，オイラーの公式から $j = e^{\frac{\pi}{2}j}$ なので

$$Ve^{j\omega t} = \frac{1}{\omega C} Ie^{j(\omega t - \frac{\pi}{2})} \tag{8.27}$$

と書くことができる．これは，電流と電圧の振動のタイミングがずれており，電圧は電流より**位相**が $\frac{\pi}{2}$ 遅れていることを意味する．

コイルでは式 (8.3) より

$$Ve^{j\omega t} = L\frac{d}{dt}(Ie^{j\omega t})$$

$$V = j\omega L I \tag{8.28}$$

である．$|I| = \frac{1}{\omega L} |V|$ なので，周波数が高いほど電流が流れにくい．コイルでは電圧は電流より位相が $\frac{\pi}{2}$ 進んでいる．

以上をまとめると，抵抗，コンデンサー，コイルいずれの場合でも，交流電圧 $Ve^{j\omega t}$ と交流電流 $Ie^{j\omega t}$ において

$$V = ZI \tag{8.29}$$

という比例関係がある．この複素数 Z を (複素)**インピーダンス**という．式 (8.25)，(8.26)，(8.28) より抵抗，コンデンサー，コイルのインピーダンスをそれぞれ書くと R，$\frac{1}{j\omega C}$，$j\omega L$ である．インピーダンスは電気抵抗の概念を拡張したものと考えることができ，その単位は抵抗と同じオーム（Ω）である．インピーダンスを流れる電流と両端に発生する電圧の一例を図 8.10 に示す．

抵抗，コイル，コンデンサーなどを組み合わせたものは，全体として 1 つのインピーダンスとみなすことができる．これを**合成インピーダンス**という．回路素子が直列や並列に接続されているときには，合成抵抗の公式をそのまま用いて複素数の計算を行うことにより，合成インピーダンスを計算することができる．インピーダンスを実部と虚部に分けて $Z = R + jX$ のように表したとき，R を**抵抗成分**，X を**リアクタンス**という．複素インピーダンスは

8.5 交流回路

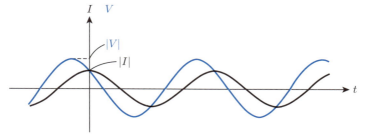

図 8.10 複素インピーダンスを流れる交流電流と，両端に発生する交流電圧．

$$Z = |Z|e^{j\phi} \tag{8.30}$$

と表すこともできる．このとき $|Z|$ は電圧の振幅を電流の振幅で割ったものを表し，ϕ は電流に対する電圧の位相の進みを表す．

例題 8.4

抵抗値 R の電気抵抗，インダクタンス L のコイル，静電容量 C のコンデンサーが直列につないである（図 8.11）．これを**直列 RLC 回路**という．

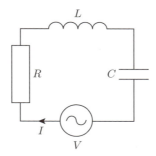

図 8.11 直列 RLC 回路．

(1) 角振動数 ω の交流に対する合成インピーダンスを計算しなさい．
(2) 合成インピーダンスの絶対値を最も小さくする ω の値と，そのときの位相のずれを求めなさい．

【解答】 (1) 合成インピーダンスは $Z = R + j\omega L + \frac{1}{j\omega C}$ である．このままでもよ

いが，これを
$$Z = \sqrt{R^2 + \left(\omega L - \frac{1}{\omega C}\right)^2}\, e^{j\alpha} \tag{8.31}$$
と変形すると意味がわかりやすい．ここで
$$\tan\alpha = \frac{1}{R}\left(\omega L - \frac{1}{\omega C}\right) \tag{8.32}$$
である．

(2) $\omega = \frac{1}{\sqrt{LC}}$ のときに
$$|Z| = \sqrt{R^2 + \left(\omega L - \frac{1}{\omega C}\right)^2}$$
は最小値 R をとる．このとき $\tan\alpha = 0$ なので，位相のずれは 0 である．複素数平面を用いて合成インピーダンスを表すと図 8.12 のようになる．

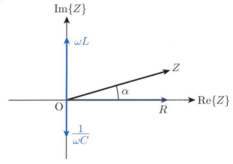

図 8.12 合成インピーダンスの複素数平面表示．

8.6 交流回路の消費電力

交流回路が消費する電力を求めるには電圧と電流をかければよいが，複素数の
まま積をとると誤った結論が導かれるので注意が必要である．そこで，実際の電
流や電圧は複素数のうちの実部をとったものであることを思い出し，電力を計算
してみる．I, V の複素共役をそれぞれ I^*, V^* とし，$Ie^{j\omega t}$ の実部 $\mathrm{Re}\{Ie^{j\omega t}\}$
が $\frac{1}{2}(Ie^{j\omega t} + I^*e^{-j\omega t})$，$Ve^{j\omega t}$ の実部 $\mathrm{Re}\{Ve^{j\omega t}\}$ が $\frac{1}{2}(Ve^{j\omega t} + V^*e^{-j\omega t})$
と書けることを用いると，消費電力は

$$
\begin{aligned}
P &= \mathrm{Re}\{Ie^{j\omega t}\} \cdot \mathrm{Re}\{Ve^{j\omega t}\} \\
&= \frac{1}{2}(Ie^{j\omega t} + I^*e^{-j\omega t})\frac{1}{2}(Ve^{j\omega t} + V^*e^{-j\omega t}) \\
&= \frac{1}{4}(IVe^{2j\omega t} + I^*V^*e^{-2j\omega t}) + \frac{1}{4}(IV^* + I^*V)
\end{aligned}
\tag{8.33}
$$

と求められる．周期を $T = \frac{2\pi}{\omega}$ として消費電力の時間平均

$$
\overline{P} = \frac{1}{T}\int_0^T P\,dt
$$

を計算すると

$$
\overline{P} = \frac{1}{4}(IV^* + I^*V) = \frac{1}{2}\mathrm{Re}\{IV^*\}
\tag{8.34}
$$

となる．例えば，回路の複素インピーダンスが $Z = |Z|e^{j\phi}$ なら $V = I|Z|e^{j\phi}$
なので，消費電力の時間平均は

$$
\begin{aligned}
\overline{P} &= \frac{1}{4}|Z|(II^*e^{-j\phi} + I^*Ie^{j\phi}) \\
&= \frac{1}{2}|Z||I|^2\cos\phi = \frac{1}{2}|I||V|\cos\phi
\end{aligned}
\tag{8.35}
$$

となる．ここで $\overline{P}$ を**有効電力**，$\frac{1}{2}|I||V|$ を**皮相電力**，$\cos\phi$ を**力率**とよぶ．イン
ピーダンスを抵抗成分とリアクタンスに分けて $Z = R + jX$ と表すと，力率は

$$
\cos\phi = \frac{R}{\sqrt{R^2 + X^2}}
\tag{8.36}
$$

と書くことができる．これによれば，抵抗成分を含まない回路の有効電力は 0
である．

回路素子の直観的理解

電流を水流に例えると，電圧は水圧に対応する．水圧を発生させるには，ポンプで水を送り出すか，高い場所から水を流せばよい．水圧に差があると，水は水圧が高い場所から低い場所へ移動しようとする．導線はホースに例えるといいだろう．その際，回路素子と同じはたらきをするものを図 8.13 に示す．

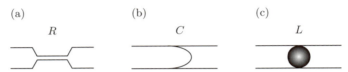

図 8.13 電流を水流に例えた際の回路素子．左から電気抵抗 (a)，コンデンサー (b)，コイル (c) の役割をするものを示す．

電気抵抗は非常に細い管に例えることができる（図 8.13 (a)）．水が細い管を通過する際には，通過前の方が通過後よりも水圧が高い．この水圧差が電圧降下に相当する．水流を倍にすると水圧差も倍になるのがオームの法則である．細い管を通過する際に，水は運動エネルギーを失って熱を発生させる．これがジュール熱に相当する．抵抗を直列につなぐことは細い管を長くすることに相当するので，全体の抵抗が大きくなる．並列につなぐことは複数の管を同時に通ることに相当するので，抵抗は小さくなる．

コンデンサーはホースの断面にゴム膜を張って流れを分断したものと考えればよい（図 8.13 (b)）．この場合，水はゴム膜を通過できない．これはコンデンサーの極板間で電荷が移動できないことに相当する．水圧をかけるとゴム膜が変形した状態になる．これが充電された状態で，変形した部分の水が，極板に蓄えられた電荷だと思えばよい．ゴム膜の復元力が変位に比例すると考えれば，$CV = Q$ の関係が説明できる．柔らかいゴム膜は大きな静電容量に対応する．ばねと同様に考えれば，ゴム膜は変位の 2 乗に比例する弾性エネルギーを蓄えるはずである．これはコンデンサーが電荷の 2 乗に比例するエネルギーを蓄えることに対応している．水流が交流の場合にはゴム膜は振動する．水そのものはゴム膜を通過できなくても水流の振動は伝わる．これはコンデンサーが直流を通さず，交流を通すという性質をよく表している．

コイルは何に例えればよいだろうか．自己インダクタンスは電流が時間的に変化するのを妨げるはたらきをもつ．これは，物体が運動量を変えたがらない慣性の法則に似ている．そこで，ホースの中に重い球が入ったものをコイルだと考えてみよう（図 8.13 (c)）．球が静止している状態で水を流し始めると，最初のうち

は球は水に対して抵抗を示すが，時間が経ち水流が一定になるともはや抵抗を示さない．これは自己インダクタンスの性質をうまく再現している．水流が振動する場合，振動が速いほど球は動きについていけずに水流を妨げる．これは直流に対しては抵抗を示さず，交流に対して抵抗を示すコイルの性質をよく表している．また，水流とともに運動している球は速さの2乗に比例する運動エネルギーをもつが，これがコイルが電流の2乗に比例するエネルギーを蓄えることに対応している．

コンデンサーとコイルを直列につないだLC回路は，ひとまとめにしてゴム膜に重い球を貼り付けたものとみなすことができる．これは重りをつけたばねと同様に単振動するので，LC回路における電荷の振動をうまく再現している．コンデンサーと抵抗をつないだRC回路における放電は，ゴム膜の膨らみに蓄えられた水が細い管を通ってゆっくり反対側に移る過程に例えることができる．

8章の問題

□ **8.1** 図 8.14 のような回路のコンデンサーの両極板にそれぞれ $+Q_0, -Q_0$ の電荷が蓄えられていたとする．時刻 $t=0$ でスイッチ SW を閉じた後の電荷の時間依存性を求めなさい．ただし $4L > R^2 C$ とする．

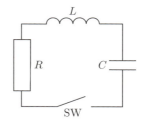

図 8.14 電荷が蓄えられている直列 RLC 回路．

□ **8.2** トランスの 2 次コイルに電気抵抗 R をつないだ．1 次コイルにつないだ交流電圧源が単位時間あたりにする仕事を求めなさい．

□ **8.3** 図 8.15 のように抵抗，コイル，コンデンサーを並列につないだ回路（並列 RLC 回路）の合成インピーダンスを計算し，その角振動数依存性を考察しなさい．

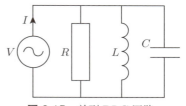

図 8.15 並列 RLC 回路．

9 マクスウェルの方程式

　マクスウェルは電磁気学の諸法則を微分形で書き直し，4 つの微分方程式にまとめた．これにより，電磁気学の現象が電磁場の局所的な性質に由来することが明確になった．そればかりか，これらの方程式を組み合わせることにより，12 章でふれる電磁波など，当時としては未知の現象を予測することにも成功した．さらに驚くべきことに，マクスウェルの方程式は，後に時間と空間に対する概念を根底から覆すことになるアインシュタインの相対性理論（14 章）をすでに含んでいたのである．

　マクスウェルの方程式は，これ以降の章で学ぶことの基礎になる．この章を学ぶ前に，必要に応じて付録のベクトル解析を学習しておくことが望ましい．

> **9 章で学ぶ概念・キーワード**
> - ガウスの法則，アンペールの法則，
>   ファラデーの法則の微分形
> - ポアソン方程式，ラプラス方程式
> - ベクトルポテンシャル
> - クーロンゲージ，ローレンツゲージ

第 9 章　マクスウェルの方程式

9.1　マクスウェルの方程式

電束密度に関するガウスの法則をあらためて書くと

$$\iint \boldsymbol{D} \cdot d\boldsymbol{S} = \iiint \rho \, dV \tag{9.1}$$

となる．ここで，左辺はある閉曲面での面積分，右辺はその閉曲面で囲まれた領域での体積積分を表す．左辺に付録 A の式 (A.27) のガウスの定理を適用すると式 (9.1) は

$$\iiint \mathrm{div} \, \boldsymbol{D} \, dV = \iiint \rho \, dV \tag{9.2}$$

と書き直され，これが任意の形の領域で成り立つことから

$$\mathrm{div} \, \boldsymbol{D} = \rho \tag{9.3}$$

が得られる．これを**ガウスの法則の微分形**という．電束密度 $\boldsymbol{D}$ や電荷密度 ρ は位置 $\boldsymbol{r}$ と時刻 t の関数であるが，式 (9.3) ではこれらの変数を省略している．微分形はそれぞれの瞬間に空間のそれぞれの場所で成り立つ局所的な関係を表している．この式から，正電荷は電束の湧き出しを，負電荷は吸い込みを生じる役割をもっていることがわかる．

同様に磁束密度についてのガウスの法則を考えてみよう．磁気単極子は存在しないので，任意の領域に対して

$$\iint \boldsymbol{B} \cdot d\boldsymbol{S} = \iiint \mathrm{div} \, \boldsymbol{B} \, dV = 0 \tag{9.4}$$

が成り立つ．これより**ガウスの法則の微分形**

$$\mathrm{div} \, \boldsymbol{B} = 0 \tag{9.5}$$

が得られる．つまり，磁束密度には湧き出しも吸い込みもあってはならない．

式 (6.12) のアンペールの法則は

$$\oint \boldsymbol{H} \cdot d\boldsymbol{r} = \iint \left(\boldsymbol{i} + \frac{\partial \boldsymbol{D}}{\partial t} \right) \cdot d\boldsymbol{S} \tag{9.6}$$

9.1 マクスウェルの方程式

となる．ここで左辺に式 (A.37) のストークスの定理を用いると

$$\iint \operatorname{rot} \boldsymbol{H} \cdot d\boldsymbol{S} = \iint \left(\boldsymbol{i} + \frac{\partial \boldsymbol{D}}{\partial t} \right) \cdot d\boldsymbol{S} \tag{9.7}$$

となる．これが任意の領域に対して成り立つので

$$\operatorname{rot} \boldsymbol{H} = \boldsymbol{i} + \frac{\partial \boldsymbol{D}}{\partial t} \tag{9.8}$$

が得られる．これを**アンペールの法則の微分形**という．

ファラデーの電磁誘導の法則は

$$\oint \boldsymbol{E} \cdot d\boldsymbol{r} = -\frac{\partial}{\partial t} \iint \boldsymbol{B} \cdot d\boldsymbol{S} \tag{9.9}$$

である．左辺にストークスの定理を適用し，任意の領域に対してこの式が成立することを利用すると

$$\operatorname{rot} \boldsymbol{E} = -\frac{\partial \boldsymbol{B}}{\partial t} \tag{9.10}$$

が得られる．これを**ファラデーの電磁誘導の法則の微分形**という．

以上に示した 4 つの微分方程式

$$\operatorname{div} \boldsymbol{D} = \rho \tag{9.11}$$

$$\operatorname{div} \boldsymbol{B} = 0 \tag{9.12}$$

$$\operatorname{rot} \boldsymbol{H} = \boldsymbol{i} + \frac{\partial \boldsymbol{D}}{\partial t} \tag{9.13}$$

$$\operatorname{rot} \boldsymbol{E} = -\frac{\partial \boldsymbol{B}}{\partial t} \tag{9.14}$$

をまとめて**マクスウェルの方程式**という．図 9.1 はこれらの方程式を模式的に表したものである．マクスウェルの方程式は個々の法則を微分形の形でまとめたものにすぎないが，電磁気学の現象を全て場の局所的な性質に帰着させたという大きな発想の転換がある．これにより，法則を見通しよく表現することが可能になったばかりか，これらの方程式を組み合わせることにより，新しい現象を予測することも可能になったのである．

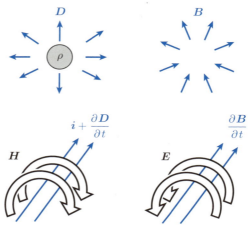

図 9.1　マクスウェルの方程式の概念図.

9.2　電荷保存則の微分形

式 (5.6) の電荷保存則にガウスの法則を適用すると

$$-\frac{\partial}{\partial t}\iiint \rho(\boldsymbol{r},t)\,dV = \iiint \mathrm{div}\,\boldsymbol{i}(\boldsymbol{r},t)\,dV \tag{9.15}$$

となる．これが任意の領域で成り立つことから，

$$\mathrm{div}\,\boldsymbol{i} + \frac{\partial \rho}{\partial t} = 0 \tag{9.16}$$

が得られる．これを**電荷保存則の微分形**という．これは付録 A の式 (A.20) に与えられた連続の方程式の具体例の一つである．

9.3 電場と電束密度，磁場と磁束密度の関係

　電気双極子が連続的に分布している場合，位置 s 付近の微小体積 dV あたりの電気双極子は位置に依存する誘電分極 $P(s)$ を用いて $P(s)\,dV$ と表される．そのときに，電気双極子の集合が位置 r につくる電位は式 (3.10) を用いて

$$\phi(r) = \frac{1}{4\pi\varepsilon_0} \iiint P(s) \cdot \frac{r - s}{|r - s|^3}\,dV \tag{9.17}$$

と書くことができる．これは

$$\phi(r) = \frac{1}{4\pi\varepsilon_0} \iiint \frac{-\mathrm{div}\,P(s)}{|r - s|}\,dV \tag{9.18}$$

と変形することができる（演習問題 9.2）．
　ここで

$$-\mathrm{div}\,P = \rho_\mathrm{p}$$

とし，式 (1.33) と比べると ρ_p は電荷密度に相当する量であることがわかる．この電荷の起源は誘電分極にあるので，ρ_p は分極電荷の密度と解釈できる．

　真電荷も分極電荷も電場を発生するので，電場に対するガウスの法則の微分形を書くと

$$\mathrm{div}\,E = \frac{1}{\varepsilon_0}(\rho + \rho_\mathrm{p}) \tag{9.19}$$

である．ここで，真電荷の電荷密度を単に ρ と書いた．このとき電束密度を

$$D = \varepsilon_0 E + P \tag{9.20}$$

と定義すると

$$\begin{aligned}
\mathrm{div}\,D &= \varepsilon_0\,\mathrm{div}\,E + \mathrm{div}\,P \\
&= \rho + \rho_\mathrm{p} - \rho_\mathrm{p} = \rho \tag{9.21}
\end{aligned}$$

となり，マクスウェルの方程式の第 1 式 (9.11) が導ける．つまり，電束密度を式 (9.20) のように定義すれば，電束密度は真電荷のみで決まり，分極電荷の影響を全く受けない．式 (3.17) では特殊な場合について式 (9.20) を導いたが，こ

116　　　　　　　　第 9 章　マクスウェルの方程式

こでは誘電分極が位置の関数として $P(r)$ のように変化する場合でも式 (9.20) が成り立つことを示した.

　同様の考察により, 磁場の場合には磁気双極子によって発生する見かけの磁極密度を

$$\rho_{\mathrm{m}} = -\mu_0 \operatorname{div} M \tag{9.22}$$

と表すことができ, 磁束密度, 磁場, 磁化の関係を

$$B = \mu_0(H + M) \tag{9.23}$$

とすれば必ず

$$\operatorname{div} B = 0$$

が成り立つことを示すことができる.

💻 E–B 対応

　電場と電束密度, 磁場と磁束密度は, それぞれどちらが本質的な量だろうか. 電場は電荷に由来し, 磁場は磁極に由来する. ところが 6 章で学んだように実際には磁極は存在せず, 電荷の流れに由来する磁気双極子が存在するのみである. そのため, 現代的な物理学では電場と磁束密度が真の量であり, 電束密度や磁場は二次的な量と考える. これを E–B 対応の電磁気学という.

　さらに, 14 章で学ぶように, 静止している人と運動している人では電場や磁束密度が異なって見える. これは, 実際には電場と磁束密度はそれぞれ独立したベクトル場なのではなく, それらが統合された**電磁場テンソル**の構成要素であるからなのである. 電磁波テンソルを用いるとマクスウェルの方程式をより美しく表現できるが, 内容がやや高度になるので本書では触れない.

9.4 ポアソン方程式

静電場の場合，式 (1.19) より電場は電位を用いて

$$E = -\nabla\phi \tag{9.24}$$

と表される．さらに式 (2.3) より

$$D = \varepsilon E$$

なので，マクスウェルの方程式の第 1 式 (9.11) は

$$\text{div}(\nabla\phi) = \nabla^2\phi = -\frac{\rho}{\varepsilon} \tag{9.25}$$

と表すことができる．これを**ポアソン方程式**という．ここで演算子

$$\nabla^2 = \frac{\partial^2}{\partial x^2} + \frac{\partial^2}{\partial y^2} + \frac{\partial^2}{\partial z^2} \tag{9.26}$$

を**ラプラシアン**という．ラプラシアンはスカラーにもベクトルにも作用することができる．特に，電荷がない場所では電位は

$$\nabla^2\phi = 0 \tag{9.27}$$

を満たす．この方程式を**ラプラス方程式**という．

静電場を求めるには，与えられた条件のもとにポアソン方程式を解けばよい．

9.5　点電荷の電位

原点に電気量 Q の点電荷がある場合にポアソン方程式を解いてみよう．点電荷は体積をもたないので，電荷密度は原点以外では 0 だが原点では無限大となってしまう．そのため無限大による問題をうまく回避して扱わなければならない．そこで点電荷の電荷密度を

$$\iiint \rho(\boldsymbol{r})\,dV = \begin{cases} Q & （積分範囲が原点を含む場合） \\ 0 & （積分範囲が原点を含まない場合） \end{cases} \tag{9.28}$$

と表現することにしよう．ここで今後のために，$r = \sqrt{x^2 + y^2 + z^2}$ のみを変数とする関数 $f(r)$ に対するラプラシアンを計算しておく．

$$\frac{\partial}{\partial x} f(r) = \frac{\partial r}{\partial x} \frac{d}{dr} f(r) = \frac{x}{r} \frac{d}{dr} f(r) \tag{9.29}$$

なので，

$$\begin{aligned} \frac{\partial^2}{\partial x^2} f(r) &= \frac{\partial}{\partial x} \left(\frac{x}{r} \frac{d}{dr} f(r) \right) \\ &= \left(\frac{1}{r} - \frac{x^2}{r^3} \right) \frac{d}{dr} f(r) + \frac{x^2}{r^2} \frac{d^2}{dr^2} f(r) \end{aligned} \tag{9.30}$$

となる．y, z についての偏微分も同様に計算でき，3 成分を足すと

$$\nabla^2 f(r) = \frac{2}{r} \frac{d}{dr} f(r) + \frac{d^2}{dr^2} f(r) = \frac{1}{r^2} \frac{d}{dr} \left(r^2 \frac{d}{dr} f(r) \right) \tag{9.31}$$

が示される．

── 例題 9.1 ──

電気量 Q の電荷が原点にある場合には，以下の電位がポアソン方程式を満たすことを示しなさい．

$$\phi(\boldsymbol{r}) = \frac{1}{4\pi\varepsilon} \frac{Q}{r} \tag{9.32}$$

【解答】　まず，$\boldsymbol{r} \neq \boldsymbol{0}$ の場合には式 (9.31) より

9.5 点電荷の電位

$$\nabla^2 \phi = -\frac{1}{r^2}\frac{d}{dr}\left(\frac{Q}{4\pi\varepsilon}\right) = 0 \tag{9.33}$$

となる．一方，原点を囲む微小半径 ϵ の球の内部で $\nabla^2\phi$ を体積積分したものは，ガウスの定理（付録 A の式 (A.27)）により

$$\iiint \nabla^2\phi\, dV = \iiint \mathrm{div}(\nabla\phi)\, dV = \iint \nabla\phi \cdot d\boldsymbol{S}$$
$$= -4\pi\epsilon^2 \frac{Q}{4\pi\varepsilon\epsilon^2} = -\frac{Q}{\varepsilon} \tag{9.34}$$

となる．この式は ϵ によらないので $\epsilon \to 0$ の極限でも成り立つ．式 (9.33) および式 (9.34) より

$$-\iiint \varepsilon\nabla^2\phi(\boldsymbol{r})\, dV = \begin{cases} Q & \text{（積分範囲が原点を含む場合）} \\ 0 & \text{（積分範囲が原点を含まない場合）} \end{cases} \tag{9.35}$$

であることが導かれたので，これを式 (9.28) と比べることにより，式 (9.32) で与えられる電位が点電荷に対するポアソン方程式を満たしていることが示される．

式 (9.32) は式 (1.27) で与えられた点電荷の電位の式と一致する．つまり微分形で書かれたマクスウェルの方程式から出発しても，点電荷に対する電位の式が得られる．

ポアソン方程式は場の局所的な性質を表したものであるが，これは解が遠方の影響を受けないという意味ではない．例えば点電荷の場合には，電荷以外の場所でのポアソン方程式は $\nabla^2\phi = 0$ であるので，それだけを見れば $\phi = 0$ という解も許されるように思える．しかし，その解では点電荷の存在を矛盾なく表すことができないので，電位は点電荷から十分離れた場所でも式 (9.32) のようにならざるを得ない．つまり，点電荷によるしわ寄せははるか遠方まで及ぶのである．

点電荷に対する電位が求まれば，重ね合わせの原理を利用して，連続的に分布する電荷密度 $\rho(\boldsymbol{s})$ がつくる電位を

$$\phi(\boldsymbol{r}) = \frac{1}{4\pi\varepsilon}\iiint \frac{\rho(\boldsymbol{s})}{|\boldsymbol{r}-\boldsymbol{s}|}\, dV \tag{9.36}$$

と表すことでできる．これは式 (1.33) に一致する．これが電荷密度 $\rho(\boldsymbol{s})$ が与えられた場合のポアソン方程式の一般解である．

120　　　　　第 9 章　マクスウェルの方程式

9.6　ベクトルポテンシャル

磁束密度は $\operatorname{div} \boldsymbol{B} = 0$ という性質をもつ．一方，任意のベクトル場 $\boldsymbol{A}$ に関して，付録のベクトル恒等式 (A.40) が成り立つので，磁束密度をベクトル場 $\boldsymbol{A}$ を用いて

$$\boldsymbol{B} = \operatorname{rot} \boldsymbol{A} \tag{9.37}$$

のように表現することができる．この $\boldsymbol{A}$ を**ベクトルポテンシャル**という．磁束密度 $\boldsymbol{B}$ が与えられたとき，それに対応するベクトルポテンシャルは 1 つとは限らない．χ を任意のスカラー場としたときに，付録 A の恒等式 (A.41) が成り立つので，$\boldsymbol{A}$ に $\nabla \chi$ を足したものも同じ磁束密度を与える．このように，同じ磁束密度に対して，ベクトルポテンシャルにはさまざまな選び方が可能である．この選び方の方法を**ゲージ**という．

ベクトルポテンシャルをマクスウェルの方程式の第 4 式 (9.14) に代入すると，

$$\operatorname{rot} \boldsymbol{E} = -\frac{\partial}{\partial t} \operatorname{rot} \boldsymbol{A} \tag{9.38}$$

となる．空間微分と時間微分の順序を入れ替えると，この式は

$$\operatorname{rot} \left(\boldsymbol{E} + \frac{\partial \boldsymbol{A}}{\partial t} \right) = 0 \tag{9.39}$$

と書き直せる．これは括弧の中身がスカラー場の勾配であれば恒等式 (A.41) より成り立つので，電場はベクトルポテンシャルとスカラー場 ϕ を用いて

$$\boldsymbol{E} = -\frac{\partial \boldsymbol{A}}{\partial t} - \nabla \phi \tag{9.40}$$

と書くことができる．これをマクスウェルの方程式の第 1 式 (9.11) に代入し，式 (2.3) も用いると

$$-\frac{\partial}{\partial t} \operatorname{div} \boldsymbol{A} - \operatorname{div} \nabla \phi = \frac{\rho}{\varepsilon} \tag{9.41}$$

となる．ここで，もしゲージの選び方に

$$\operatorname{div} \boldsymbol{A} = 0 \tag{9.42}$$

という制限をつけるなら，この式はポアソン方程式と同じになり，ϕ は電位を意

味する．式 (9.42) のような制限をつけたベクトルポテンシャルの選び方を**クーロンゲージ**という．

その他，

$$\mathrm{div}\,\boldsymbol{A} + \frac{1}{c^2}\frac{\partial \phi}{\partial t} = 0 \tag{9.43}$$

のような制限をつけた**ローレンツゲージ**もよく用いられる．ここで

$$c = \frac{1}{\sqrt{\varepsilon_0 \mu_0}}$$

とした．

例題 9.2

以下のベクトルポテンシャルの概略を図示し，それぞれ磁束密度を計算しなさい．

(1) $\boldsymbol{A} = \dfrac{1}{2}(-By, Bx, 0)$　　(2) $\boldsymbol{A} = (0, Bx, 0)$

【解答】　これらのベクトルポテンシャルを図 9.2 に示す．この 2 例はいずれも同じ磁束密度 $(0, 0, B)$ を与える．

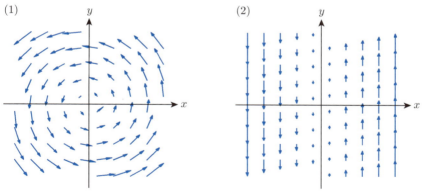

図 9.2　ベクトルポテンシャルの例．いずれも同じ磁束密度を与える．

9.7 ビオ–サバールの法則の導出

電荷および電場がなく，時間により変動しない電流（定常電流）のみがある場合には，マクスウェルの方程式の第3式 (9.13) は

$$\frac{1}{\mu}\operatorname{rot}\operatorname{rot}\boldsymbol{A} = \boldsymbol{i} \tag{9.44}$$

となる（式 (4.4)，式 (9.37) 参照）．ここで付録 A のベクトル解析の恒等式 (A.42) を用いクーロンゲージを選ぶと，式 (9.44) は

$$\nabla^2\boldsymbol{A} = -\mu\boldsymbol{i} \tag{9.45}$$

と書くことができる．この式は，

$$\nabla^2 A_x = -\mu i_x \tag{9.46}$$

などの各成分についての式をまとめて書いたものにすぎない．それぞれの成分の式は電位に関するポアソン方程式 (9.25) と同じ形をしているので，式 (9.36) を求めたときと同様の数学的手続きにより，式 (9.46) の一般解は

$$A_x(\boldsymbol{r}) = \frac{\mu}{4\pi}\iiint \frac{i_x(\boldsymbol{s})}{|\boldsymbol{r}-\boldsymbol{s}|}\,dV \tag{9.47}$$

と書ける（積分変数を $\boldsymbol{s}$ とした）．これを3成分まとめて書くと，電流密度 $\boldsymbol{i}(\boldsymbol{s})$ が与えられた場合のベクトルポテンシャルが

$$\boldsymbol{A}(\boldsymbol{r}) = \frac{\mu}{4\pi}\iiint \frac{\boldsymbol{i}(\boldsymbol{s})}{|\boldsymbol{r}-\boldsymbol{s}|}\,dV \tag{9.48}$$

と求められる．両辺の（$\boldsymbol{r}$ に関する）rot をとり，付録 A のベクトル解析の恒等式 (A.43) を利用すると

$$\boldsymbol{B}(\boldsymbol{r}) = \frac{\mu}{4\pi}\iiint \operatorname{rot}\left(\frac{\boldsymbol{i}(\boldsymbol{s})}{|\boldsymbol{r}-\boldsymbol{s}|}\right) dV = \frac{\mu}{4\pi}\iiint \boldsymbol{i}(\boldsymbol{s})\times\frac{\boldsymbol{r}-\boldsymbol{s}}{|\boldsymbol{r}-\boldsymbol{s}|^3}\,dV \tag{9.49}$$

となり，式 (6.5) のビオ–サバールの法則が得られる．

9.8 ローレンツゲージによる マクスウェルの方程式

式 (9.43) で定義されたローレンツゲージを用いると，マクスウェルの方程式を見通しよく書くことができる．以下では電荷や電流が誘電体や磁性体で取り囲まれていることはないとし，誘電率を ε_0，透磁率を μ_0 とする．式 (9.41) に式 (9.43) を代入すると

$$-\frac{\partial}{\partial t}\left(-\frac{1}{c^2}\frac{\partial \phi}{\partial t}\right) - \mathrm{div}\,\nabla\phi = \frac{\rho}{\varepsilon_0}$$

$$\left(-\frac{1}{c^2}\frac{\partial^2}{\partial t^2} + \nabla^2\right)\phi = -\frac{\rho}{\varepsilon_0} \tag{9.50}$$

が得られる．静電場の場合には，これはポアソン方程式と一致する．一方，式 (2.3) と式 (9.40) より

$$\boldsymbol{D} = -\varepsilon_0 \frac{\partial \boldsymbol{A}}{\partial t} - \varepsilon_0 \nabla\phi \tag{9.51}$$

であるので，マクスウェルの方程式の第 3 式 (9.13) は

$$\frac{1}{\mu_0}\mathrm{rot}\,\mathrm{rot}\,\boldsymbol{A} = \boldsymbol{i} + \frac{\partial}{\partial t}\left(-\varepsilon_0 \frac{\partial \boldsymbol{A}}{\partial t} - \varepsilon_0 \nabla\phi\right)$$

$$\nabla(\mathrm{div}\,\boldsymbol{A}) - \nabla^2\boldsymbol{A} = \mu_0\boldsymbol{i} + \frac{1}{c^2}\frac{\partial^2 \boldsymbol{A}}{\partial t^2} - \nabla\left(\frac{1}{c^2}\frac{\partial \phi}{\partial t}\right)$$

$$\left(-\frac{1}{c^2}\frac{\partial^2}{\partial t^2} + \nabla^2\right)\boldsymbol{A} = -\mu_0\boldsymbol{i} \tag{9.52}$$

となる．1 行目から 2 行目の変形では式 (A.42) を，2 行目から 3 行目の変形では式 (9.43) を用いた．定常電流の場合には，この式は式 (9.45) に一致する．

以上をまとめると，ローレンツゲージでのマクスウェルの方程式は電位 ϕ とベクトルポテンシャル $\boldsymbol{A}$ を用いて

$$\left(-\frac{1}{c^2}\frac{\partial^2}{\partial t^2} + \nabla^2\right)\phi = -\frac{\rho}{\varepsilon_0} \tag{9.53}$$

$$\left(-\frac{1}{c^2}\frac{\partial^2}{\partial t^2} + \nabla^2\right)\boldsymbol{A} = -\mu_0\boldsymbol{i} \tag{9.54}$$

と表すことができる．これらを解いた上で

124　　　　　　第 9 章　マクスウェルの方程式

$$E = -\frac{\partial A}{\partial t} - \nabla \phi \tag{9.55}$$

$$B = \mathrm{rot}\, A \tag{9.56}$$

を利用すれば，電場と磁束密度を求めることができる．

9 章の問題

☐ **9.1**　電荷がない場所に電位の極大点や極小点をつくることが不可能であることを示しなさい．

☐ **9.2**　式 (9.17) から式 (9.18) を導きなさい．

☐ **9.3**　クーロンゲージのベクトルポテンシャルを A_C，ローレンツゲージのベクトルポテンシャルを A_L とする．これらを変換する方法を考えなさい．

10 場のエネルギー

　マクスウェルの方程式を用いると，電磁場そのものがエネルギー
を蓄える性質があることを導くことができる．その観点に立てば，
コンデンサーやコイルが蓄えているエネルギーは電場や磁場が蓄え
ていると解釈することができる．電場と磁場の外積をポインティン
グベクトルという．ポインティングベクトルはエネルギーの流れの
密度を表したものと解釈することができる．2つの電荷がつくる電
場が全空間に蓄えるエネルギーは，電荷どうしの距離に依存する．
これがクーロン力の起源と考えることもできる．なお，10.4節と
10.5節は読み飛ばしても後の学習には差し支えない．

10章で学ぶ概念・キーワード
- 電場が蓄えるエネルギー
- 磁場が蓄えるエネルギー
- エネルギーの流れ，
  ポインティングベクトル
- クーロン力の起源

10.1　電場が蓄えるエネルギー

　全く電荷がない状態から出発して $\rho(\boldsymbol{r})$ という電荷密度分布をつくるのに必要な仕事 W を計算してみよう．電荷密度分布が $\rho(\boldsymbol{r})$ のときの電位を $\phi(\boldsymbol{r})$ とする．途中の過程での電荷密度分布を $k\rho(\boldsymbol{r})$ として，k をゆっくり 0 から 1 に変化させるのに必要な仕事が W であると考えてよい．ポアソン方程式 (9.25) は線形なので，電荷密度分布が $k\rho(\boldsymbol{r})$ のときの電位は $k\phi(\boldsymbol{r})$ である．電荷密度分布が $k\rho(\boldsymbol{r})$ の状態から k を dk 増加させたとき，位置 $\boldsymbol{r}$ 近傍の微小体積 dV に含まれる電荷の変化は

$$\rho(\boldsymbol{r})\,dk\,dV$$

である．これに電位 $k\phi(\boldsymbol{r})$ をかけるとその領域における静電場によるエネルギーの変化が求まる．その変化を全空間で積分したものが，k を dk 増加させた際にする仕事 dW なので

$$dW = \iiint \rho(\boldsymbol{r})\,dk \cdot k\phi(\boldsymbol{r})\,dV = k\,dk \iiint \rho(\boldsymbol{r})\phi(\boldsymbol{r})\,dV \tag{10.1}$$

である．この式において k を 0 から 1 まで積分したものが全仕事なので

$$W = \int_0^1 k\,dk \iiint \rho(\boldsymbol{r})\phi(\boldsymbol{r})\,dV = \frac{1}{2} \iiint \rho(\boldsymbol{r})\phi(\boldsymbol{r})\,dV \tag{10.2}$$

となる．これは電荷密度分布が $\rho(\boldsymbol{r})$ のときに全空間が蓄えている静電場によるエネルギーと解釈できる．これを**静電エネルギー**という．

　式 (10.2) にポアソン方程式 (9.25) を適用すると

$$W = -\frac{1}{2} \iiint \varepsilon\phi\nabla^2\phi\,dV \tag{10.3}$$

となり，さらに付録 A のベクトル解析の恒等式 (A.45) を用いると

$$-\phi\nabla^2\phi = -\mathrm{div}(\phi\nabla\phi) + (\nabla\phi)\cdot(\nabla\phi)$$
$$= \mathrm{div}(\phi\boldsymbol{E}) + |\boldsymbol{E}|^2 \tag{10.4}$$

となる．これを式 (10.3) に代入すると

$$W = \frac{1}{2} \iiint \varepsilon\,\mathrm{div}(\phi\boldsymbol{E})\,dV + \frac{1}{2} \iiint \varepsilon|\boldsymbol{E}|^2\,dV \tag{10.5}$$

である．第1項はガウスの定理 (A.27) により面積分に書き換えられるが，その面は無限遠に存在するので，この積分は消える．したがって，静電エネルギーを

$$W = \frac{1}{2}\iiint \varepsilon|\boldsymbol{E}|^2\,dV = \frac{1}{2}\iiint \frac{1}{\varepsilon}|\boldsymbol{D}|^2\,dV \tag{10.6}$$

と表すこともできる．これは電場が単位体積あたりエネルギー $\frac{1}{2}\varepsilon|\boldsymbol{E}|^2$ を蓄えていることを意味する．

―― 例題 10.1 ――

平行板コンデンサーが蓄えている静電エネルギーが極板間の電場のエネルギーと等しいことを示しなさい．

【解答】 式 (2.15) および式 (2.16) により，面積 S，極板間距離 d の平行板コンデンサーが蓄えている静電エネルギーは，極板間の電場の大きさを E とすると式 (2.14) の $V = Ed$ を用いて

$$\frac{1}{2}CV^2 = \frac{\varepsilon_0 S}{2d}V^2 = \frac{1}{2}\varepsilon_0 SdE^2 \tag{10.7}$$

と書くことができる．これは電場が単位体積あたり $\frac{1}{2}\varepsilon_0 E^2$ のエネルギーを蓄えている，と解釈することもできる（図 10.1）．

図 10.1 コンデンサーのエネルギーは，電場が蓄えていると解釈できる．

128 第 10 章 場のエネルギー

例題 10.2

(1) 半径 a の球がある．この球に電荷 Q を帯電させるのに必要な仕事を計算しなさい．ただし電荷は球の表面だけに均一に分布するとする．

(2) 表面に電荷 Q が均一に帯電した半径 a の球が発生させる電場のエネルギーを計算しなさい．

【解答】 (1) 電荷 q が帯電している球の表面における電位は

$$\phi(a) = \frac{1}{4\pi\varepsilon}\frac{q}{a} \tag{10.8}$$

である．この状態に，さらに電位が 0 である場所（無限遠）から微小電荷 dq を球面に運んで付け足すのに必要な仕事は

$$dW = \phi(a)\,dq = \frac{1}{4\pi\varepsilon}\frac{q}{a}\,dq \tag{10.9}$$

である．電荷がない状態から球を Q まで帯電させるために必要な仕事 W はこれを積分することにより

$$W = \int_0^Q \frac{1}{4\pi\varepsilon}\frac{q}{a}\,dq = \frac{1}{8\pi\varepsilon}\frac{Q^2}{a} \tag{10.10}$$

と求まる．これは帯電球が蓄えているエネルギーとみなすことができる．

(2) 積分範囲を全空間とし，

$$\frac{\varepsilon}{2}\iiint |\boldsymbol{E}(\boldsymbol{r})|^2\,dV \tag{10.11}$$

を計算してみよう．ここで $\boldsymbol{E}(\boldsymbol{r})$ は，Q に帯電した球が位置 $\boldsymbol{r}$ につくる電場とする．球の内側では電場は 0 であり，電場の大きさは中心からの方位によらないので，この積分は

$$\frac{\varepsilon}{2}\int_a^{+\infty} E(r)^2 \cdot 4\pi r^2\,dr = \frac{\varepsilon}{2}\int_a^{+\infty}\left(\frac{1}{4\pi\varepsilon}\frac{Q}{r^2}\right)^2 \cdot 4\pi r^2\,dr$$

$$= \frac{Q^2}{8\pi\varepsilon}\int_a^{+\infty}\frac{1}{r^2}\,dr = \frac{1}{8\pi\varepsilon}\frac{Q^2}{a} \tag{10.12}$$

となり，W に一致する．つまり，$\frac{1}{2}\varepsilon|\boldsymbol{E}(\boldsymbol{r})|^2$ を単位体積あたりのエネルギーと考えれば，帯電球のエネルギーは全空間の電場が蓄えている静電エネルギーと解釈してもよいことになる． ■

10.2 磁場が蓄えるエネルギー

　何もない状態から電流密度を発生させる際の仕事を求めてみよう．7章でソレノイドが蓄えるエネルギーを考察したときと同様に，ジュール熱でエネルギーが失われることはないとし，電気抵抗を 0 とする．電流がない状態からゆっくり電流密度を増加させていき，最終的に $i(r)$ という電流密度分布をつくったとする．最終的なベクトルポテンシャルを $A(r)$ としよう．このとき途中での電流密度分布を

$$k(t)i(r) \tag{10.13}$$

と表すと，式 (9.54) は線形なのでベクトルポテンシャルは

$$k(t)A(r) \tag{10.14}$$

と表すことができる．電流密度を変化させるには，誘導電場に逆らって仕事をしなくてはならない．誘導電場を $E(r)$ とすると，位置 r 近傍の微小体積 dV に含まれる電流が単位時間あたりにしなくてはならない仕事は

$$-k(t)i(r) \cdot E(r)\,dV \tag{10.15}$$

である．静電荷はないものとすると，式 (9.40) より，誘導電場が

$$E(r) = -\frac{\partial(kA(r))}{\partial t} = -A(r)\frac{dk}{dt} \tag{10.16}$$

と求まる．したがって，時間 T をかけて全空間の電流密度を 0 から $i(r)$ に変化させるのに必要な仕事は

$$W = \int_0^T \iiint k i(r) \cdot A \frac{dk}{dt} dV\,dt = \int_0^1 k\,dk \iiint i \cdot A\,dV$$
$$= \frac{1}{2} \iiint i \cdot A\,dV \tag{10.17}$$

となる．ここで，$i = \frac{1}{\mu}\,\mathrm{rot}\,B$ および付録 A のベクトル解析の恒等式 (A.44) を用いると，全空間の電流密度分布を $i(r)$ にするのに必要な仕事は

$$W = -\frac{1}{2} \iiint \frac{1}{\mu} \mathrm{div}(A \times B)\,dV + \frac{1}{2} \iiint \frac{1}{\mu} B \cdot \mathrm{rot}\,A\,dV \tag{10.18}$$

となる．右辺第 1 項はガウスの定理および無限遠で磁束密度が 0 であることを用いると消える．右辺第 2 項に rot $\boldsymbol{A} = \boldsymbol{B}$ を適用すると

$$W = \frac{1}{2} \iiint \frac{1}{\mu} |\boldsymbol{B}|^2 \, dV = \frac{1}{2} \iiint \mu |\boldsymbol{H}|^2 \, dV \tag{10.19}$$

となる．これは磁場が蓄えているエネルギーとみなすことができる．

例題 10.3

電流が流れているソレノイドが蓄えるエネルギーは，ソレノイドの内部の磁場が蓄えるエネルギーと解釈できることを示しなさい．

【解答】 式 (7.39) のソレノイドが蓄えているエネルギーをソレノイド中の磁場 H を用いて書いてみると，式 (6.22) を用いて $H = \frac{N}{l} I$ より

$$W = \frac{1}{2} \mu \frac{N^2 S}{l} \left(\frac{l}{N} \right)^2 H^2 = \frac{1}{2} \mu S l H^2 \tag{10.20}$$

となる．これは磁場が単位体積あたり $\frac{1}{2}\mu H^2 = \frac{1}{2\mu} B^2$ のエネルギーを蓄えていると解釈することができる（図 10.2）．

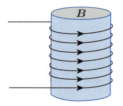

図 10.2 コイルのエネルギーは，磁場が蓄えていると解釈できる． ∎

式 (10.6) と式 (10.19) を合わせると，電場および磁場が空間に蓄えているエネルギーは

$$\iiint \left(\frac{1}{2} \varepsilon E^2 + \frac{1}{2\mu} B^2 \right) dV \tag{10.21}$$

と書くことができる．ここで $|\boldsymbol{E}| = E, |\boldsymbol{B}| = B$ とした．

10.3 ポインティングベクトル

電磁場のエネルギー密度を時刻で微分すると，

$$\frac{\partial}{\partial t}\left(\frac{1}{2}\varepsilon E^2 + \frac{1}{2\mu}B^2\right) = \varepsilon\frac{\partial \boldsymbol{E}}{\partial t}\cdot\boldsymbol{E} + \frac{1}{\mu}\frac{\partial \boldsymbol{B}}{\partial t}\cdot\boldsymbol{B} \tag{10.22}$$

となる．これにマクスウェルの方程式の第3式 (9.13)，第4式 (9.14) を代入すると，右辺は

$$\boldsymbol{E}\cdot\mathrm{rot}\,\boldsymbol{H} - \boldsymbol{H}\cdot\mathrm{rot}\,\boldsymbol{E} = -\mathrm{div}(\boldsymbol{E}\times\boldsymbol{H}) \tag{10.23}$$

となる．ここではベクトル解析の恒等式 (A.44) を用いた．以上により

$$\frac{\partial}{\partial t}\left(\frac{1}{2}\varepsilon E^2 + \frac{1}{2\mu}B^2\right) = -\mathrm{div}(\boldsymbol{E}\times\boldsymbol{H}) \tag{10.24}$$

が示された．これを付録 A の連続の方程式 (A.20) と比べると，ベクトル

$$\boldsymbol{S} = \boldsymbol{E}\times\boldsymbol{H} \tag{10.25}$$

をエネルギーの流れと解釈することができる．これを**ポインティングベクトル**という．ただ，ポインティングベクトルは常に実際に流れているエネルギーを意味しているわけではない．例えば直交する静電場と静磁場があるからといって，エネルギーが流れるわけではない．ポインティングベクトルは 12 章で述べる電磁波のエネルギーの流れを考える際に役に立つ．

10.4 場のエネルギーとクーロンの法則

表面が均一に帯電した 2 つの球電荷がつくる電場のエネルギーを計算してみよう．図 10.3 のようにそれぞれの球の半径を b_1, b_2 とし，2 つの球の中心間の距離を a とする．蓄えられている電荷を q_1, q_2 とする．

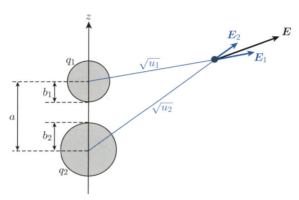

図 10.3 2 つの電荷がつくる電場のエネルギー．

仮に一方の電荷だけが存在している場合の電場をそれぞれ $\boldsymbol{E}_1$, $\boldsymbol{E}_2$ とおくと，重ね合わせの原理により全電場は $\boldsymbol{E} = \boldsymbol{E}_1 + \boldsymbol{E}_2$ である．誘電率 ε が場所によらず一定とすると，電場が蓄えるエネルギーは

$$\frac{\varepsilon}{2}\iiint |\boldsymbol{E}|^2\, dV = \frac{\varepsilon}{2}\iiint \left(|\boldsymbol{E}_1|^2 + |\boldsymbol{E}_2|^2 + 2\boldsymbol{E}_1\cdot\boldsymbol{E}_2\right) dV \quad (10.26)$$

となる．例題 10.2 によれば積分

$$\frac{\varepsilon}{2}\iiint |\boldsymbol{E}_1|^2\, dV \quad \text{および} \quad \frac{\varepsilon}{2}\iiint |\boldsymbol{E}_2|^2\, dV$$

はそれぞれ

$$\frac{1}{8\pi\varepsilon}\frac{q_1^2}{b_1}, \quad \frac{1}{8\pi\varepsilon}\frac{q_2^2}{b_2}$$

となる．これは帯電球が単独で存在するときの帯電エネルギーにほかならない．残りの積分

10.4 場のエネルギーとクーロンの法則 133

$$\varepsilon \iiint \boldsymbol{E}_1 \cdot \boldsymbol{E}_2 \, dV \tag{10.27}$$

を計算すると

$$\frac{1}{4\pi\varepsilon} \frac{q_1 q_2}{a} \tag{10.28}$$

になることが以下に示される. 計算が多少長くなるので必要ない場合には読み飛ばしてよい.

【補足】 1個目, 2個目の電荷の中心の位置をそれぞれ $(0, 0, \frac{a}{2})$, $(0, 0, -\frac{a}{2})$ とする. 空間の任意の位置を, z 軸からの距離 R と方位 φ を用いて $\boldsymbol{r} = (R\cos\varphi, R\sin\varphi, z)$ と表すことにする. 対称性から内積 $\boldsymbol{E}_1 \cdot \boldsymbol{E}_2$ は φ には依存しないので, φ に関する積分を先に実行すれば式 (10.27) は

$$\varepsilon \iint (\boldsymbol{E}_1 \cdot \boldsymbol{E}_2) 2\pi R \, dR dz = \varepsilon\pi \iint (\boldsymbol{E}_1 \cdot \boldsymbol{E}_2) \, du dz \tag{10.29}$$

と書くことができる. ここで $R^2 = u$ とした.

それぞれの電荷の中心から $\boldsymbol{r}$ までの距離を $\sqrt{u_1}$, $\sqrt{u_2}$ と表すと, 三平方の定理から

$$u_1 = u + \left(z - \frac{1}{2}a\right)^2, \quad u_2 = u + \left(z + \frac{1}{2}a\right)^2 \tag{10.30}$$

が成り立つ. これを逆に解くと

$$z = \frac{1}{2a}(u_2 - u_1) \tag{10.31}$$

$$u = \frac{1}{2}(u_1 + u_2) - \frac{1}{4a^2}(u_2 - u_1)^2 - \frac{1}{4}a^2 \tag{10.32}$$

となる. 2つの電場のなす角を θ とおき, 余弦定理を用いると

$$\boldsymbol{E}_1 \cdot \boldsymbol{E}_2 = |\boldsymbol{E}_1||\boldsymbol{E}_1| \cos\theta$$

$$= \frac{q_1 q_2}{(4\pi\varepsilon)^2} \frac{u_1 + u_2 - a^2}{2u_1^{\frac{3}{2}} u_2^{\frac{3}{2}}} \tag{10.33}$$

と書ける. これを利用するために, 式 (10.29) の積分変数を u_1, u_2 に変換する. そのために変数変換の一般的な式

$$du dz = \frac{\partial(u, z)}{\partial(u_1, u_2)} \, du_1 du_2 \tag{10.34}$$

を用いる. ここで $\frac{\partial(u,z)}{\partial(u_1,u_2)}$ は**ヤコビアン**とよばれ, 以下のように定義される.

$$\frac{\partial(u, z)}{\partial(u_1, u_2)} = \frac{\partial u}{\partial u_1} \frac{\partial z}{\partial u_2} - \frac{\partial u_2}{\partial z} \frac{\partial z}{\partial u_1} \tag{10.35}$$

134　第 10 章　場のエネルギー

式 (10.31) および式 (10.32) を用いてヤコビアンを具体的に計算すると，

$$\frac{\partial(u, z)}{\partial(u_1, u_2)} = \frac{1}{2a} \tag{10.36}$$

となる．したがって

$$\varepsilon \iiint \boldsymbol{E}_1 \cdot \boldsymbol{E}_2 \, dV = \frac{\varepsilon \pi}{4a} \frac{q_1 q_2}{(4\pi\varepsilon)^2} \iint f(u_1, u_2) \, du_1 du_2 \tag{10.37}$$

となる．ここで

$$f(u_1, u_2) = \frac{u_1 + u_2 - a^2}{u_1^{\frac{3}{2}} u_2^{\frac{3}{2}}} \tag{10.38}$$

とした．式 (10.37) 右辺の積分の部分を I とする．球の内側ではその球の表面電荷が
つくる電場は $\boldsymbol{0}$ なので，内積 $\boldsymbol{E}_1 \cdot \boldsymbol{E}_2$ も 0 になる．それを考慮すると，I は全空間で
の積分から球の内側での積分を差し引くことにより，

$$I = \int_0^{+\infty} \int_{(\sqrt{u_1}-a)^2}^{(\sqrt{u_1}+a)^2} f(u_1, u_2) \, du_2 du_1 - \int_0^{\sqrt{b_1}} \int_{(\sqrt{u_1}-a)^2}^{(\sqrt{u_1}+a)^2} f(u_1, u_2) \, du_2 du_1$$

$$- \int_0^{\sqrt{b_2}} \int_{(\sqrt{u_2}-a)^2}^{(\sqrt{u_2}+a)^2} f(u_1, u_2) \, du_1 du_2 \tag{10.39}$$

と表すことができる．計算によると，$I = 16$ が示される（演習問題 10.1）．

以上をまとめると，式 (10.27) は

$$\varepsilon \iiint \boldsymbol{E}_1 \cdot \boldsymbol{E}_2 \, dV = \frac{\varepsilon \pi}{4a} \frac{q_1 q_2}{(4\pi\varepsilon)^2} \times 16 = \frac{1}{4\pi\varepsilon} \frac{q_1 q_2}{a} \tag{10.40}$$

となる．

以上より，全空間の電場が蓄えている静電エネルギーは

$$\frac{\varepsilon}{2} \iiint |\boldsymbol{E}|^2 \, dV = \frac{1}{8\pi\varepsilon} \frac{q_1^2}{b_1} + \frac{1}{8\pi\varepsilon} \frac{q_2^2}{b_2} + \frac{1}{4\pi\varepsilon} \frac{q_1 q_2}{a} \tag{10.41}$$

となる．第 1 項と第 2 項は相互の位置関係には無関係な量である．第 3 項は距
離 a だけ離れた点電荷 q_1 と q_2 のクーロン力によるポテンシャルエネルギーの
式と全く同じである．これによりクーロン力の起源を静電エネルギーから説明
することができた．

10.5 電場が電荷に及ぼす力

電気量 q の電荷が表面に均一に帯電した半径 a の球がある．この球が外部電場の中に置かれているときにはたらく力を，静電エネルギーの立場から考察してみよう．球は十分小さく，球が占める領域での電場は一様とする．最初に球は原点に置かれているとし，dl だけ微小変位したときの空間全体の電場のエネルギーの変化を求めてみる．

球自身がつくる電場を $E_0(r)$，外部電場を $E(r)$ とすると，球が dl 変位することによる全体の静電場のエネルギーの変化 ΔU は

$$\frac{1}{2}\varepsilon \iiint \left| E_0(r-dl) + E(r) \right|^2 dV - \frac{1}{2}\varepsilon \iiint \left| E_0(r) + E(r) \right|^2 dV \tag{10.42}$$

となり，整理すると

$$\begin{aligned}\Delta U = \frac{1}{2}\varepsilon \iiint \left| E_0(r-dl) \right|^2 dV - \frac{1}{2}\varepsilon \iiint \left| E_0(r) \right|^2 dV \\ + \varepsilon \iiint E_0(r-dl) \cdot E(r)\, dV - \varepsilon \iiint E_0(r) \cdot E(r)\, dV\end{aligned} \tag{10.43}$$

と書くことができる．ここで例題 2.2 および演習問題 2.3 より

$$E_0(r) = \begin{cases} 0 & (r < a) \\ \dfrac{q}{4\pi\varepsilon}\dfrac{r}{r^3} & (r \geq a) \end{cases} \tag{10.44}$$

である．$E(r)$ に関しては，無限遠で 0 になることを除けば特に制限を設けないことにする．積分範囲は全空間なので，式 (10.43) の最初の 2 つの積分は打ち消し

$$\Delta U = \varepsilon \iiint E_0(r) \cdot \left(E(r+dl) - E(r) \right) dV \tag{10.45}$$

となる．ただし，ここでは式 (10.43) の 3 つ目の積分変数を $-dl$ ずらして整理した．dl が微小なら

$$E_x(r+dl) - E_x(r) \approx \nabla E_x \cdot dl \tag{10.46}$$

136 第 10 章 場のエネルギー

などと近似することができる．さらに静電場が付録の式 (A.12) を満たすことを
用いると

$$\nabla E_x = \frac{\partial}{\partial x}\boldsymbol{E} \tag{10.47}$$

であるので $r \geq a$ では

$$\boldsymbol{E}_0(\boldsymbol{r}) \cdot \big(\boldsymbol{E}(\boldsymbol{r}+d\boldsymbol{l}) - \boldsymbol{E}(\boldsymbol{r})\big)$$
$$= \frac{q}{4\pi\varepsilon_0}\frac{1}{r^2}\left(\frac{x}{r}\frac{\partial}{\partial x} + \frac{y}{r}\frac{\partial}{\partial y} + \frac{z}{r}\frac{\partial}{\partial z}\right)\boldsymbol{E}\cdot d\boldsymbol{l} \tag{10.48}$$

となる．ここで球面極座標

$$\begin{cases} x = r\sin\theta\cos\phi \\ y = r\sin\theta\sin\phi \\ z = r\cos\theta \end{cases} \tag{10.49}$$

を用いると

$$\frac{\partial}{\partial r} = \frac{\partial x}{\partial r}\frac{\partial}{\partial x} + \frac{\partial y}{\partial r}\frac{\partial}{\partial y} + \frac{\partial z}{\partial r}\frac{\partial}{\partial z}$$
$$= \frac{x}{r}\frac{\partial}{\partial x} + \frac{y}{r}\frac{\partial}{\partial y} + \frac{z}{r}\frac{\partial}{\partial z} \tag{10.50}$$

であるので，

$$\boldsymbol{E}_0(\boldsymbol{r}) \cdot \big(\boldsymbol{E}(\boldsymbol{r}+d\boldsymbol{l}) - \boldsymbol{E}(\boldsymbol{r})\big) = \frac{Q}{4\pi\varepsilon_0}\frac{1}{r^2}\frac{\partial}{\partial r}\boldsymbol{E}\cdot d\boldsymbol{l} \tag{10.51}$$

と書き直せる．これを用いると

$$\Delta U = \frac{q}{4\pi}\,d\boldsymbol{l}\cdot\iiint\frac{1}{r^2}\frac{\partial}{\partial r}\boldsymbol{E}(\boldsymbol{r})\,dV$$
$$= \frac{q}{4\pi}\,d\boldsymbol{l}\cdot\int_0^{2\pi}\int_0^{\pi}\int_a^{+\infty}\frac{1}{r^2}\left\{\frac{\partial}{\partial r}\boldsymbol{E}(r,\theta,\phi)\right\}r^2\sin\theta\,drd\theta d\phi$$
$$= \frac{q}{4\pi}\,d\boldsymbol{l}\cdot\int_0^{2\pi}\int_0^{\pi}\big[\boldsymbol{E}(a,\theta,\phi)\big]_a^{+\infty}\sin\theta\,d\theta d\phi$$
$$= -q\boldsymbol{E}\cdot d\boldsymbol{l} \tag{10.52}$$

となる．最後の変形では，球面における電場を $\boldsymbol{E}$ と表した．式 (10.52) を変位
$d\boldsymbol{l}$ による球のポテンシャルエネルギーの変化とみなせば，球には

$$F = qE \tag{10.53}$$

という力がはたらいていることになり，式 (1.4) に一致する．以上のように，全空間に蓄えられた静電エネルギーの変化という観点からも，静電場が球殻電荷に及ぼす力を導くことができた．

10章の問題

☐ **10.1** 式 (10.39) の積分の値が 16 になることを示しなさい．

☐ **10.2** 第 1 章の演習問題 1.4 に示すように分布している球殻状電荷がつくる電場の静電エネルギーを計算しなさい．

☐ **10.3** 静電場と静磁場のみが存在する場合には，任意の閉曲面を貫くエネルギーの流れが 0 であることを示しなさい．

11 マクスウェルの応力

　ゴムのような弾性体を歪ませると，元に戻ろうとするために応力が発生する．マクスウェルの方程式によれば電磁場は歪んだ弾性体とよく似た性質をもつので，同様の理由で応力が発生する．これをマクスウェルの応力という．この考え方によると，電束や磁束は縮もうとし，隣り合う電束や磁束は互いに反発し合うことが導かれる．静電場や静磁場では電束や磁束が静止しているので，空間におけるマクスウェルの応力はつりあわなくてはならない．その条件が空間の電場や磁場の分布を決めていると解釈することができる．また，クーロン力やローレンツ力もマクスウェルの応力が起源だと考えることもできる．

　本章は 12 章以降の学習に必ずしも必要ではないので，不要なら読み飛ばして差し支えない．

---

11 章で学ぶ概念・キーワード

- 弾性体，応力
- マクスウェルの応力
- テンソル
- 応力のつり合い
- マクスウェルの応力によるクーロン力やローレンツ力の解釈

11.1 変形によるエネルギー変化と力

縮められたばねが伸びようとするのは，蓄えられている弾性エネルギーを下げようとするからである．つまり，もし変形によってエネルギーが下がるなら，物体は自発的に変形しようと外部に力を及ぼす．電磁場の場合でも，電束や磁束を変形させてエネルギーが下がるなら，その変形を起こそうとする力が発生する．ただ変形を考える際には，電荷保存則や磁気単極子不在の法則と矛盾しないように，電束や磁束の本数を保ったままにする必要がある．

以上の考えのもとに，電場が空間そのものに及ぼす力を考えてみよう．単位体積の立方体領域を一様な電束が z 軸方向に貫いているとする．この立方体領域が蓄える電場のエネルギーは，電束密度の大きさを D とすると式 (10.6) より

$$\frac{1}{2\varepsilon}D^2 \tag{11.1}$$

である．まず図 11.1 (a) のように，貫く電束を変えずにこの立方体領域を z 軸方向に仮想的に δz だけ拡げると，電束密度の大きさは変わらずに体積だけが変わるので，内部の電場によるエネルギーは

$$\frac{1}{2\varepsilon}D^2 \delta z \tag{11.2}$$

だけ増加する．そのため立方体はエネルギーを小さくすべく z 軸方向に縮もうとし，電場に垂直な境界面を内側に引っ張っているといえる．その力がする仮

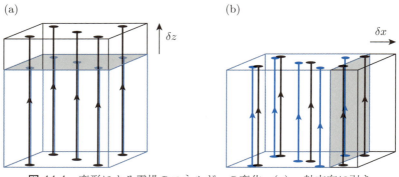

図 11.1 変形による電場のエネルギーの変化．(a) z 軸方向に引き伸ばした場合．(b) x 軸方向に引き伸ばした場合．

11.1 変形によるエネルギー変化と力 **141**

想的な仕事がエネルギーの減少分と考えれば，引っ張る力の大きさが $\frac{1}{2\varepsilon}D^2$ と求まる．境界面の単位面積あたりに及ぼされる力を**応力**という．応力のうち境界面に垂直な成分を**垂直応力**とよび，その大きさは，引っ張る場合は正，押し合う場合は負と定義される．つまり，電場に垂直な面には

$$\frac{1}{2\varepsilon}D^2 = \frac{1}{2}\varepsilon E^2 \tag{11.3}$$

という正の垂直応力がはたらいていることになる．

次に図 11.1 (b) のように，立方体を x 軸方向に微小な長さ δx だけ引き伸ばした場合のエネルギーの変化を計算してみよう．変形後の電束密度の大きさを D' とすると，電束を一定に保つという条件で引き伸ばす場合には $D = D'(1+\delta x)$ すなわち

$$D' = D\frac{1}{(1+\delta x)} \approx D(1-\delta x) \tag{11.4}$$

が成り立つ．変形により立方体の体積が δx 増加することを考慮し，δx の 2 次以上の項を無視すると，領域内のエネルギーの変化は

$$\frac{1}{2\varepsilon}D^2\left\{(1-\delta x)^2(1+\delta x)-1\right\} \approx -\frac{1}{2\varepsilon}D^2\delta x \tag{11.5}$$

となる．領域は x 軸方向に拡がった方がエネルギーが下がるので，電場に平行な境界面にはたらく垂直応力は

$$-\frac{1}{2\varepsilon}D^2 = -\frac{1}{2}\varepsilon E^2 \tag{11.6}$$

となる．この場合には境界面が広がろうとするのを周囲の空間が押し返すため，垂直応力は負である．以上のように，電磁場のエネルギーが原因で発生する応力を**マクスウェルの応力**という．

11.2 マクスウェルの応力

前節では境界面が電場に垂直な場合と平行な場合のみを考えたが，ここでは一般的な場合を考えよう．e_x, e_y, e_z をそれぞれ x 軸，y 軸，z 軸方向の単位ベクトルとする．ベクトル $dx\,e_x$, $dy\,e_y$, $dz\,e_z$ を辺とする微小直方体があるとし，その領域を電束密度 D の電束が貫いているとする．電束密度は直方体内では一様としよう．この直方体を貫く電束を一定に保ったまま直方体を微小に変形させたときのエネルギー変化を計算してみよう．例えるなら，直方体のこんにゃくに針金を多数突き刺しておいて，こんにゃくを変形させたときの「針金密度」の変化をもとにエネルギーの変化を考えるようなものである．

まず，変形前の直方体内の電束密度を $D = D_x e_x + D_y e_y + D_z e_z$ とする．直方体を変形させた結果，それぞれの辺が $dx\,e_x'$, $dy\,e_y'$, $dz\,e_z'$ に変化すると，それにつられて電束の向きも $D_x e_x' + D_y e_y' + D_z e_z'$ の向きへと変化する．しかし，このベクトルは変形後の電束密度そのものを表しているわけではない．なぜなら電束どうしの間隔も変形により変化するからである．したがって変形後の電束密度ベクトル D' は

$$D' = \alpha(D_x e_x' + D_y e_y' + D_z e_z') \tag{11.7}$$

と書かなければならない．係数 α は変形前と変形後で領域を貫く電束が等しいことを用いて求めることができる．直方体の 6 枚の面のうち，面積が $dxdy$ で z 座標が大きい方の面を面 S とよぶことにしよう．以下では面 S をわずかに平行移動させた場合について，領域内のエネルギーの変化を計算してみることにする．

最初に図 11.2 (a) のように，面 S を z 軸方向に δz 移動させるように直方体を変形させてみる．この変形では

$$e_x' = e_x, \quad e_y' = e_y, \quad e_z' = \left(1 + \frac{\delta z}{dz}\right) e_z$$

である．変形後の電束密度は

$$D' = \alpha \left\{ D_x e_x + D_y e_y + D_z \left(1 + \frac{\delta z}{dz}\right) e_z \right\} \tag{11.8}$$

11.2 マクスウェルの応力

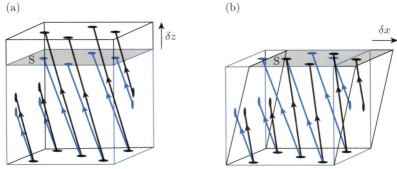

図 11.2 変形による電場のエネルギーの変化．(a) 面を垂直方向に移動させた場合．(b) 面を平行方向に移動させた場合．

なので，変形前と変形後で面 S を貫く電束が変わらないという条件

$$\boldsymbol{D} \cdot \boldsymbol{e}_z \, dxdy = \boldsymbol{D}' \cdot \boldsymbol{e}_z \, dxdy$$

により $\alpha = (1 + \frac{\delta z}{dz})^{-1}$ が得られる．よって，

$$\boldsymbol{D}' = \left(1 + \frac{\delta z}{dz}\right)^{-1} (D_x \boldsymbol{e}_x + D_y \boldsymbol{e}_y) + D_z \boldsymbol{e}_z \tag{11.9}$$

となる．変形後の領域内の電場のエネルギーは，体積が $(1 + \frac{\delta z}{dz})dxdydz$ であることに注意すると

$$\frac{1}{2\varepsilon}\left(1 + \frac{\delta z}{dz}\right)\left\{\left(1 + \frac{\delta z}{dz}\right)^{-2}(D_x^2 + D_y^2) + D_z^2\right\}dxdydz$$

$$\approx \frac{1}{2\varepsilon}\left\{D^2 - (D_x^2 + D_y^2)\frac{\delta z}{dz} + D_z^2\frac{\delta z}{dz}\right\}dxdydz \tag{11.10}$$

である．ここでは $\frac{\delta z}{dz}$ が微小で $\frac{1}{1+\frac{\delta z}{dz}} \approx 1 - \frac{\delta z}{dz}$ と近似できるとした．したがってこの変形によるエネルギーの変化は

$$\frac{1}{2\varepsilon}(-D_x^2 - D_y^2 + D_z^2)dxdy\delta z = \frac{1}{2\varepsilon}(2D_z^2 - D^2)dxdy\delta z \tag{11.11}$$

である．

次に図 11.2 (b) のように，面 S を x 軸方向に微小な量 δx だけ移動させるように直方体を変形させたときの電場のエネルギーを調べてみよう．そのような

144　　　　第 11 章　マクスウェルの応力

変形では,

$$e'_x = e_x, \quad e'_y = e_y, \quad e'_z = e_z + \frac{\delta x}{dz} e_x$$

である. したがって変形後の電束密度は

$$\boldsymbol{D}' = \alpha \left\{ \left(D_x + D_z \frac{\delta x}{dz} \right) e_x + D_y e_y + D_z e_z \right\} \tag{11.12}$$

となる. 面 S を貫く電束は変化しないという条件

$$\boldsymbol{D} \cdot \boldsymbol{e}_z \, dxdy = \boldsymbol{D}' \cdot \boldsymbol{e}_z \, dxdy$$

を用いると $\alpha = 1$ である. この変形では体積は変化しないので, 変形に伴う電場のエネルギーの変化は

$$\frac{1}{2\varepsilon} \left\{ \left(D_x + D_z \frac{\delta x}{dz} \right)^2 + D_y^2 + D_z^2 - D^2 \right\} dxdydz$$

$$\approx \frac{1}{\varepsilon} D_x D_z \, dxdy\delta x \tag{11.13}$$

となる. 同様の考察から, 面 S を y 軸方向に δy 平行移動させた際の電場のエネルギーの変化は

$$\frac{1}{\varepsilon} D_y D_z \, dxdy\delta y \tag{11.14}$$

となる. 式 (11.11), 式 (11.13), 式 (11.14) を合わせて考えると, 面 S を $\delta \boldsymbol{r} = (\delta x, \delta y, \delta z)$ 平行移動させた際のエネルギーの変化 ΔU は

$$\Delta U = -\boldsymbol{F} \cdot \delta \boldsymbol{r} \tag{11.15}$$

と書くことができる. ここで

$$\boldsymbol{F} = \frac{1}{\varepsilon} \left(-D_x D_z, -D_y D_z, -D_z^2 + \frac{1}{2} D^2 \right) dxdy \tag{11.16}$$

であり, これは微小直方体領域が面 S に及ぼす力と解釈できる.

　ここで応力の定義について詳しく説明しておく. 応力とはある領域の表面に対して外部から及ぼされる単位面積あたりの力である. 応力にはすでに述べた垂直応力の他に, 境界面に平行にはたらく**せん断応力**というものがある. 応力は図 11.3 (a) に示すように定義され, z 軸に垂直な面にはたらく応力の z 成分は τ_{zz} などのように表される. 2 つの添字が等しいものは垂直応力, 異なるも

11.2 マクスウェルの応力

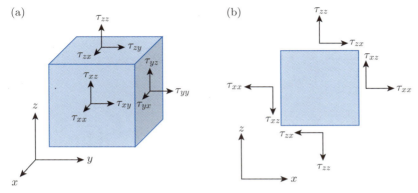

図 11.3 応力の定義.

のはせん断応力を表す．対向する面どうしでは図 11.3 (b) のように応力の正の向きが逆向きに定義されているので，例えば垂直応力が正ならそれは常に面を外向きに引っ張ることになる．

さて，面 S は微小直方体に隣接する領域の表面でもある．隣接領域にとって式 (11.16) の $\boldsymbol{F}$ は外力なので，図 11.3 (b) の応力の符号の定義から，面 S に及ぼすマクスウェルの応力の各成分が

$$\tau_{zz} = \frac{1}{2\varepsilon}(2D_z^2 - D^2) = \frac{1}{2}\varepsilon(2E_z^2 - E^2) \tag{11.17}$$

$$\tau_{zx} = \frac{1}{\varepsilon}D_x D_z = \varepsilon E_x E_z \tag{11.18}$$

$$\tau_{zy} = \frac{1}{\varepsilon}D_y D_z = \varepsilon E_y E_z \tag{11.19}$$

と求まる．以上をまとめると，面 S にはたらく応力は

$$\varepsilon\left(E_x E_z, E_y E_z, E_z^2 - \frac{1}{2}E^2\right) \tag{11.20}$$

となる．この応力は z 軸に垂直な面の法線ベクトル $\boldsymbol{n} = (0, 0, 1)$ を用いて

$$\varepsilon(\boldsymbol{E}\cdot\boldsymbol{n})\boldsymbol{E} - \frac{1}{2}\varepsilon E^2 \boldsymbol{n} \tag{11.21}$$

と書くこともできる．このように表すと，マクスウェルの応力は電場と法線ベクトルの相対的な関係で決まることがはっきりする．この関係は座標軸の取り

方には依存しないので, n が z 軸方向でない場合にも成り立つ. そこで, **マクスウェルの応力テンソル** という行列を

$$\mathbf{T} = \frac{1}{2}\varepsilon \begin{pmatrix} 2E_x^2 - E^2 & 2E_xE_y & 2E_xE_z \\ 2E_yE_x & 2E_y^2 - E^2 & 2E_yE_z \\ 2E_zE_x & 2E_zE_y & 2E_z^2 - E^2 \end{pmatrix} \qquad (11.22)$$

と定義すると, 任意の法線ベクトル n に対してマクスウェルの応力を

$$\mathbf{T}n \qquad (11.23)$$

のように行列とベクトルの積で表すこともできる (演習問題 11.2). 電場 E が与えられているときの, 法線ベクトル, マクスウェルの応力の具体例を図 11.4 に示す.

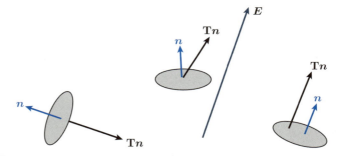

図 11.4 マクスウェルの応力. 同じ電場 E の場合でも, 面の向き n によって応力 $\mathbf{T}n$ は異なる.

11.3 マクスウェルの応力のつり合い

　一様ではない静電場が存在している場合に，体積 $\Delta x \Delta y \Delta z$ の微小直方体にはたらく力を考えてみよう．直方体の中心を (x, y, z) とする．微小直方体内では線形近似（付録 A の A.7 節参照）が成り立つとすると，各面にはたらくマクスウェルの応力は面の中心における値で代表させることができる（図 11.5）．このとき，x 座標が $x - \frac{\Delta x}{2}$ の面と $x + \frac{\Delta x}{2}$ の面にはたらくマクスウェルの応力による力の合力の x 成分は

$$
\left\{ \tau_{xx} \left(x + \frac{\Delta x}{2}, y, z \right) - \tau_{xx} \left(x - \frac{\Delta x}{2}, y, z \right) \right\} \Delta y \Delta z
$$
$$
= \frac{\partial \tau_{xx}}{\partial x} \Delta x \Delta y \Delta z \tag{11.24}
$$

である．同様の考察によると，微小直方体の全ての面にはたらく力の合力の x 成分は

$$
\left(\frac{\partial \tau_{xx}}{\partial x} + \frac{\partial \tau_{yx}}{\partial y} + \frac{\partial \tau_{zx}}{\partial z} \right) \Delta x \Delta y \Delta z
$$
$$
= \varepsilon \Bigg(E_x \frac{\partial E_x}{\partial x} - E_y \frac{\partial E_y}{\partial x} - E_z \frac{\partial E_z}{\partial x}
$$
$$
+ E_y \frac{\partial E_x}{\partial y} + E_x \frac{\partial E_y}{\partial y} + E_z \frac{\partial E_x}{\partial z} + E_x \frac{\partial E_z}{\partial z} \Bigg)
$$
$$
\times \Delta x \Delta y \Delta z
$$
$$
= \varepsilon \Bigg\{ E_x \left(\frac{\partial E_x}{\partial x} + \frac{\partial E_y}{\partial y} + \frac{\partial E_z}{\partial z} \right) + E_y \left(\frac{\partial E_x}{\partial y} - \frac{\partial E_y}{\partial x} \right)
$$
$$
+ E_z \left(\frac{\partial E_x}{\partial z} - \frac{\partial E_z}{\partial x} \right) \Bigg\} \Delta x \Delta y \Delta z \tag{11.25}
$$

となる．y 成分，z 成分についても同様に計算することができ，全ての成分をまとめると，微小直方体にはたらく力は

$$
\varepsilon \big\{ (\operatorname{div} \boldsymbol{E}) \boldsymbol{E} - \boldsymbol{E} \times \operatorname{rot} \boldsymbol{E} \big\} \tag{11.26}
$$

と表される．もしこれが 0 でないなら，微小直方体は加速されて電束が動いてしまう．電束が動かないためには

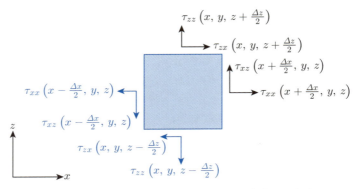

図 11.5 静電場にはたらくマクスウェルの応力のつり合い.

$$\mathrm{div}\,\boldsymbol{E} = 0, \quad \mathrm{rot}\,\boldsymbol{E} = 0 \tag{11.27}$$

でなくてはならない. 静電場の場合, 電荷のない空間ではマクスウェルの方程式から式 (11.27) が満たされていることが保証される. つまり, 静電場に関するマクスウェルの方程式は, マクスウェルの応力がつり合う条件を表していると解釈することもできる. 静電場でない場合には式 (11.27) は必ずしも満たされないので, マクスウェルの応力によって場が弾性体のように振動する. 12 章で示すように, この振動は電磁波となって空間を伝わる.

静磁場についても静電場と同様の考察ができ, 静磁場に関するマクスウェルの応力テンソルを

$$\frac{1}{2}\mu \begin{pmatrix} 2H_x^2 - H^2 & 2H_xH_y & 2H_xH_z \\ 2H_yH_x & 2H_y^2 - H^2 & 2H_yH_z \\ 2H_zH_x & 2H_zH_y & 2H_z^2 - H^2 \end{pmatrix} \tag{11.28}$$

と表すことができる.

以上のマクスウェルの応力から, 電束や磁束には, 長さ方向にはゴムひものように縮もうとする性質, 隣り合う電束や磁束どうしには互いに反発し合う性質があることがわかる. このような性質を考えると, 例えば電束が図 2.2 のような形状になることが理解できる. 電束が途中で途切れている場所ではマクスウェルの応力はつり合わず, 電束はその場所を引っ張る.

11.3 マクスウェルの応力のつり合い   **149**

--- **例題 11.1** ---

それぞれ $\pm\sigma$ の電荷面密度をもつ無限に広い極板からなる平行板コンデンサーがある．極板の単位面積にはたらく引力を求めなさい．

【解答】 コンデンサーの極板の電荷の面密度を σ とすると，極板間の電束密度の大きさは

$$D = \sigma$$

である．一方，極板の外側には電束はないので，極板の位置ではマクスウェルの応力はつり合わず，極板を単位面積あたり大きさ

$$\frac{1}{2\varepsilon}D^2 = \frac{1}{2\varepsilon}\sigma^2 \tag{11.29}$$

の力で引っ張る．∎

--- **例題 11.2** ---

内部に大きさ H の磁場が発生している円筒形のソレノイドがある．円筒の単位面積あたりにはたらく力を求めなさい．

【解答】 ソレノイドの内側と外側で磁場は不連続なので，ソレノイドの壁面ではマクスウェルの応力がつり合わず，マクスウェルの応力はソレノイドの内壁を単位面積あたり

$$\frac{1}{2}\mu H^2 \tag{11.30}$$

の力で外向きに押す．7 章の演習問題 7.1 に示したように，この力は電流が磁場から受ける力と考えても理解できる．∎

マクスウェルの応力によれば，離れた電荷どうしにはたらく力は空間どうしが及ぼす力に還元できるので，クーロン力も近接作用が元になっていることが明確になる．

11.4 静電場中の球殻電荷に及ぼされる マクスウェルの応力

　均一に帯電した球殻状の電荷があるとする．外部からの電場がない場合には球殻の外側だけに電束が存在する．電束が球の表面で途切れているため，マクスウェルの応力により球殻の表面は外向きに引っ張られる．この場合，電束は等方的なので，球殻全体が受ける力は 0 である．この状態に外部からの電場を加えるとマクスウェルの応力はどうなるだろうか．

　球殻の半径を a，電荷を q とする．球殻自身がつくる電場と外部電場を合わせた全電場を $\boldsymbol{E}_\mathrm{t}$ とする．球殻は小さく，球殻の位置では外部電場

$$\boldsymbol{E} = E\boldsymbol{e}$$

は一様電場とみなせるものとする．ここで $\boldsymbol{e}$ を外部電場の向きの単位ベクトルとした．原点から球殻上の点 $\boldsymbol{r}$ に向かう向きの単位ベクトルを $\boldsymbol{n}$ とし，マクスウェルの応力テンソルを $\mathbf{T}$ とすると，球殻の位置におけるマクスウェルの応力は式 (11.21) より

$$\mathbf{T}\boldsymbol{n} = \varepsilon(\boldsymbol{E}_\mathrm{t} \cdot \boldsymbol{n})\boldsymbol{E}_\mathrm{t} - \frac{1}{2}\varepsilon E_\mathrm{t}^2 \boldsymbol{n} \tag{11.31}$$

となる．全電場は電荷自身がつくる電場と外部電場に分けて

$$\boldsymbol{E}_\mathrm{t} = k\boldsymbol{n} + E\boldsymbol{e}$$

と表すことができる．ここで $k = \frac{q}{4\pi\varepsilon a^2}$ とした．このとき

$$\boldsymbol{E}_\mathrm{t} \cdot \boldsymbol{n} = (k\boldsymbol{n} + E\boldsymbol{e}) \cdot \boldsymbol{n} = k + E(\boldsymbol{e} \cdot \boldsymbol{n}) \tag{11.32}$$

と変形できるので，

$$\mathbf{T}\boldsymbol{n} = \varepsilon\{k + E(\boldsymbol{e} \cdot \boldsymbol{n})\}(k\boldsymbol{n} + E\boldsymbol{e}) - \frac{1}{2}\varepsilon(k\boldsymbol{n} + E\boldsymbol{e})^2 \boldsymbol{n} \tag{11.33}$$

である．これを整理すると

$$\mathbf{T}\boldsymbol{n} = \frac{1}{2}\varepsilon(k^2 - E^2)\boldsymbol{n} + \varepsilon\{kE + (\boldsymbol{e} \cdot \boldsymbol{n})E^2\}\boldsymbol{e} \tag{11.34}$$

となる．これを球の表面で積分した

11.4 静電場中の球殻電荷に及ぼされるマクスウェルの応力

$$\boldsymbol{F} = \iint \mathbf{T}\boldsymbol{n}\,dS$$
$$= \frac{1}{2}\varepsilon(k^2 - E^2)\iint \boldsymbol{n}\,dS + \varepsilon kE\boldsymbol{e}\iint dS + \varepsilon\left(\boldsymbol{e}\cdot\iint \boldsymbol{n}\,dS\right)E^2\boldsymbol{e} \tag{11.35}$$

が球殻全体にはたらく力である．対称性より

$$\iint \boldsymbol{n}\,dS = \boldsymbol{0} \tag{11.36}$$

であり，球の表面積は

$$\iint dS = 4\pi a^2 \tag{11.37}$$

であるので

$$\boldsymbol{F} = 4\pi a^2 \varepsilon k E \boldsymbol{e} = q\boldsymbol{E} \tag{11.38}$$

となる．これは外部電場 $\boldsymbol{E}$ が点電荷 q に及ぼす力に等しい．このように，点電荷にはたらく力は，外部電場と自分自身がつくる電場の合成電場によるマクスウェルの応力からも説明することができる．例えば，左向きの一様な電場中で正に帯電した球殻の外部の電束を図示すると図 11.6 のようになり，球殻から発生する電束の位置には偏りがあることがわかる．マクスウェルの応力により電束が縮もうとする性質をもっていることを考えると，この場合には球殻に左向きの力がはたらくことを説明できる．

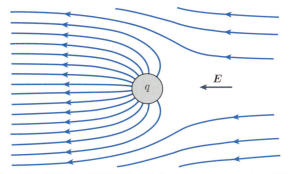

図 11.6 電場中の荷電粒子にはたらくマクスウェルの応力．

11.5 磁場が電流に及ぼす力

半径 a の十分に長い円筒に，電流 I が長さ方向に均一に流れている．この電流に外部磁場 $\boldsymbol{H}$ がかかっているときのマクスウェルの応力による力を計算しよう．電流の向き，円筒の中心軸から円筒上の点に向かう向きの単位ベクトルをそれぞれ $\boldsymbol{e}_I$, $\boldsymbol{n}$ とする．このときアンペールの法則によれば，電流は円筒の外側の表面に

$$\boldsymbol{H}_0 = \frac{I}{2\pi a}\,\boldsymbol{e}_I \times \boldsymbol{n} \tag{11.39}$$

という磁場をつくる．全磁場を $\boldsymbol{H}_{\mathrm{t}} = \boldsymbol{H}_0 + \boldsymbol{H}$ とすると，法線ベクトルを $\boldsymbol{n}$ とする面にはたらくマクスウェルの応力は

$$\mathbf{T}\boldsymbol{n} = \mu(\boldsymbol{H}_{\mathrm{t}} \cdot \boldsymbol{n})\boldsymbol{H}_{\mathrm{t}} - \frac{1}{2}\mu H_{\mathrm{t}}^2 \boldsymbol{n} \tag{11.40}$$

である．円筒の長さ l あたりにはたらく力は，これを円筒の側面で積分した

$$\boldsymbol{F} = \iint \mathbf{T}\boldsymbol{n}\,dS \tag{11.41}$$

となる．ここで

$$\iint \boldsymbol{n}\,dS = \boldsymbol{0}, \quad \iint dS = 2\pi a l \tag{11.42}$$

さらに $\boldsymbol{H}_0 \perp \boldsymbol{n}$ を利用して式を整理すると

$$\boldsymbol{F} = \mu \iint \big\{ (\boldsymbol{H} \cdot \boldsymbol{n})\boldsymbol{H}_0 - (\boldsymbol{H} \cdot \boldsymbol{H}_0)\boldsymbol{n} \big\}\,dS \tag{11.43}$$

となる．ベクトル恒等式

$$(\boldsymbol{A} \cdot \boldsymbol{B})\boldsymbol{C} - (\boldsymbol{A} \cdot \boldsymbol{C})\boldsymbol{B} = -\boldsymbol{A} \times \boldsymbol{B} \times \boldsymbol{C} \tag{11.44}$$

を用いて変形すると

$$\boldsymbol{F} = -\mu \iint \big\{ \boldsymbol{H} \times (\boldsymbol{n} \times \boldsymbol{H}_0) \big\}\,dS \tag{11.45}$$

となる．ここで

$$\boldsymbol{n} \times \boldsymbol{H}_0 = \frac{I}{2\pi a}\,\boldsymbol{n} \times (\boldsymbol{e}_I \times \boldsymbol{n}) = \frac{I}{2\pi a}\,\boldsymbol{e}_I \tag{11.46}$$

なので，$l = le_I$ とすると

$$F = \mu \frac{I}{2\pi a} e_I \times H \iint dS = \mu I l e_I \times H = Il \times B \quad (11.47)$$

となり，式 (7.1) の起源がマクスウェルの応力から明らかにされた．電流の周りの磁束のようすを図 11.7 に示す．磁束はマクスウェルの応力により，磁束の側面の空間を押し出そうとする．電流の左側の磁束密度は右側と比べて大きいため，電流には右向きに押す力がはたらくのがわかる．

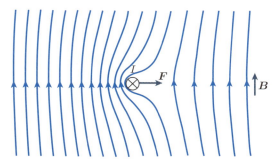

図 11.7 磁場中の電流にはたらくマクスウェルの応力．電流は紙面に垂直で，表から裏に流れている．

11 章の問題

☐ **11.1** 互いに距離 r 離れた 2 つの電荷がある．それぞれの電荷が q, q の場合と，$q, -q$ の場合について，電荷どうしにはたらく力を，垂直二等分面にはたらくマクスウェルの応力を計算することにより求めなさい．

☐ **11.2** マクスウェルの応力テンソルが式 (11.22) のように書けることを示しなさい．

☐ **11.3** 半径 a の円筒の長さ方向に，大きさ I の電流が一様に流れている．円筒の表面にはたらく力を求めなさい．外部磁場はないものとする．

12 電　磁　波

　11章で述べたように，電磁場は弾性体としてふるまう．もし応力がつり合っていなければ弾性体は振動し，それが波動となって伝わっていく．マクスウェルは電磁場にも同じ性質があると考え，電磁波という波動の存在を予言した．電磁波の存在はその後ヘルツの実験により確認された．一方，マクスウェルの方程式から理論的に導かれた電磁波の速さは，測定により求まった光の速さと見事に一致している．実は光も電磁波の一種だったのである．屈折，反射，偏光などの光の基本的な性質は，電磁波の性質として理解することができる．

12章で学ぶ概念・キーワード

- 波動方程式
- 電磁波，平面波
- 横波，偏光
- 電磁波の屈折，反射
- 電磁波の減衰，電信方程式

12.1 電　磁　波

真空中でのマクスウェルの方程式は

$$\text{div } \boldsymbol{E} = 0 \tag{12.1}$$

$$\text{div } \boldsymbol{B} = 0 \tag{12.2}$$

$$\text{rot } \boldsymbol{B} = \varepsilon_0 \mu_0 \frac{\partial \boldsymbol{E}}{\partial t} \tag{12.3}$$

$$\text{rot } \boldsymbol{E} = -\frac{\partial \boldsymbol{B}}{\partial t} \tag{12.4}$$

である. 第 4 式 (12.4) の両辺の rot をとると

$$\text{rot rot } \boldsymbol{E} = -\text{rot} \left(\frac{\partial \boldsymbol{B}}{\partial t} \right) \tag{12.5}$$

となる. 右辺の空間微分と時間微分の順序を入れ替え, さらに第 3 式 (12.3) を代入すると

$$\text{rot rot } \boldsymbol{E} = -\varepsilon_0 \mu_0 \frac{\partial^2 \boldsymbol{E}}{\partial t^2} \tag{12.6}$$

が得られる. ここでベクトル解析の恒等式 (A.42) を用いると,

$$\left(\nabla^2 - \frac{1}{c^2} \frac{\partial^2}{\partial t^2} \right) \boldsymbol{E} = 0 \tag{12.7}$$

が導かれる. ここで $c = \frac{1}{\sqrt{\varepsilon_0 \mu_0}}$ とした. この形の微分方程式を**波動方程式**という.

式 (12.7) の解を

$$\boldsymbol{E}(x, y, z, t) = \boldsymbol{E}_0 \cos(k_x x + k_y y + k_z z - \omega t) \tag{12.8}$$

と仮定する. ここで $\boldsymbol{E}_0$ は定ベクトルである. この式を式 (12.7) に代入すると,

$$\omega^2 = c^2 (k_x^2 + k_y^2 + k_z^2) \tag{12.9}$$

が成り立っていれば解になることがわかる. 式 (12.8) は複素数

$$\boldsymbol{E}_0 e^{i(\boldsymbol{k} \cdot \boldsymbol{r} - \omega t)} \tag{12.10}$$

12.1 電 磁 波　　157

の実部のみをとったものと解釈する方が数学的取扱いが簡単になるので，今後は原則として実部だけをとるという前提で複素数を用いることにしよう．ここでは虚数単位 $\sqrt{-1}$ を i と書き，$\boldsymbol{k} = (k_x, k_y, k_z)$ とした．$\boldsymbol{k}$ を**波数ベクトル**という．また，ω を**角周波数**あるいは**角振動数**という．式 (12.10) は以下に述べるように一種の**波動**を表している．

例えば原点で電場のようすを観察すると，

$$\boldsymbol{E}_0 e^{i\omega t} \tag{12.11}$$

のように時間的に振動し，時間が $T = \frac{2\pi}{\omega}$ 経つごとに電場は同じ状態に戻る．この T を**周期**という．また，周期の逆数

$$f = \frac{1}{T}$$

を**周波数**あるいは**振動数**という．周波数と角周波数の間には

$$\omega = 2\pi f \tag{12.12}$$

という関係がある．このような振動は空間のあらゆる場所で起きるが，振動のタイミングは場所ごとに異なる．便宜上，電場が $\boldsymbol{E}_0$ である場所を「山」，$-\boldsymbol{E}_0$ である場所を「谷」とよぶことにしよう．式 (12.10) を $\boldsymbol{E}_0 e^{i\theta}$ と書いたときの θ を**位相**という．位相は「山」では π の偶数倍，「谷」では奇数倍になる．$\theta = 0$ を満たす「山」の位置は

$$\boldsymbol{k} \cdot \boldsymbol{r} = \omega t \tag{12.13}$$

を満たす $\boldsymbol{r}$ の集合である．ここで位置ベクトル $\boldsymbol{r}$ を $\boldsymbol{k}$ に平行な成分 $\boldsymbol{r}_{/\!/}$ と垂直な成分 $\boldsymbol{r}_\perp$ に分け，$\boldsymbol{r} = \boldsymbol{r}_{/\!/} + \boldsymbol{r}_\perp$ と表してみる．式 (12.13) によれば，ある瞬間 t において

$$|\boldsymbol{r}_{/\!/}| = \frac{\omega t}{k} = ct \tag{12.14}$$

を満たす点は「山」である．ここで $|\boldsymbol{k}| = k$（これを**波数**という）とし，式 (12.9) の関係を用いた．

このような点 $\boldsymbol{r}$ の集合は，波数ベクトル $\boldsymbol{k}$ に直交し，原点からの距離が ct の平面をなす．「山」に相当する場所としては，他にも例えば $\theta = 2\pi$ を満たす場

158　　　　　　　　第 12 章　電　磁　波

所があるが，これは k に直交し，原点からの距離が $ct + \frac{2\pi}{k}$ である面である．つまり，「山」に相当する場所は k に直交する多数の面であり，隣り合う面どうしの距離は $\frac{2\pi}{k}$ である．時間が経つにつれて，このような面は k の向きに一斉に速さ c で進んでいく．

以上のように位相が等しい場所が等間隔に離れた平面を形成し，それらが平面に垂直な向きに進んでいく波動を**平面波**という．波数ベクトルは波の進む向きを表す．面と面の距離を**波長**という．波長 λ と波数 k には

$$\lambda = \frac{2\pi}{k} \tag{12.15}$$

という関係がある．

以上では，マクスウェルの方程式の第 3 式 (12.3) と第 4 式 (12.4) から波動方程式を導き，平面波の存在を示した．次に，マクスウェルの方程式の第 1 式 (12.1) が解にさらに制限をつけることがないかを検討する．例えば，式 (12.10) を x で偏微分すると，

$$\frac{\partial}{\partial x} \boldsymbol{E} = ik_x \boldsymbol{E} \tag{12.16}$$

であり，y, z に関する偏微分でも同様の式が成り立つ．これを利用すると

$$\mathrm{div}\, \boldsymbol{E} = i\boldsymbol{k} \cdot \boldsymbol{E} \tag{12.17}$$

となるが，真空中では $\mathrm{div}\, \boldsymbol{E} = 0$ なので，$\boldsymbol{k}$ と $\boldsymbol{E}$ は常に直交しなければならない．これは進行方向に対して電場の変位が垂直な**横波**であることを示している．

磁束密度についても同様に，波動方程式

$$\left(\nabla^2 - \frac{1}{c^2} \frac{\partial^2}{\partial t^2} \right) \boldsymbol{B} = \boldsymbol{0} \tag{12.18}$$

が導かれる．またこれを解くと平面波

$$\boldsymbol{B} = \boldsymbol{B}_0 e^{i(\boldsymbol{k} \cdot \boldsymbol{r} - \omega t)} \tag{12.19}$$

が導かれ，$\boldsymbol{k} \cdot \boldsymbol{B} = 0$ という横波の性質が導かれる．

次に電場と磁場の関係を考える．

$$\frac{\partial}{\partial x} E_y = ik_x E_y \tag{12.20}$$

などを用いると

$$\mathrm{rot}\, \boldsymbol{E} = i\boldsymbol{k} \times \boldsymbol{E} \tag{12.21}$$

が得られる．これをマクスウェルの方程式の第4式 (12.4) に代入すると

$$\boldsymbol{k} \times \boldsymbol{E} = \omega \boldsymbol{B} \tag{12.22}$$

となる．これは電場の波は常に磁束密度の波を伴うことを示している．このような電場と磁場の波を合わせて**電磁波**とよぶ．電磁波では，電場，磁束密度，波数ベクトル（波の進行方向）は全て直交する．電磁波のようすを図 12.1 に示す．以上のような純粋な理論的考察からマクスウェルが予言した電磁波は，後にヘルツ（1857–1894）による電気火花の実験で 1888 年にその存在が確認された．

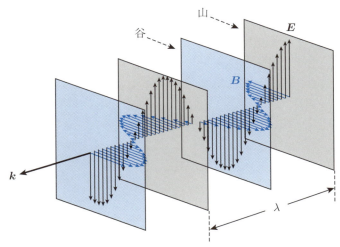

図 12.1 平面波をなす電磁波．黒矢印と青矢印はそれぞれ電場と磁束密度を表す．

160　　　　　　　　第 12 章　電　磁　波

┌─ **例題 12.1** ─────────────────────────────
│ (1)　電磁波の電場の振幅と $|\boldsymbol{E}|$ と磁場の振幅 $|\boldsymbol{B}|$ の比を求めなさい.
│ (2)　電磁波の電場のエネルギー密度と磁場のエネルギー密度の大きさの
│ 　　　比を求めなさい.
└──

【解答】　(1)　式 (12.22) でベクトルの大きさの比をとると,

$$\frac{|\boldsymbol{E}|}{|\boldsymbol{B}|} = \frac{k}{\omega} = c \tag{12.23}$$

となり, 常に一定である.

　(2)　上の結果より

$$\begin{aligned}
\frac{1}{2}\varepsilon_0 E^2 &= \frac{1}{2}\varepsilon_0 c^2 B^2 \\
&= \frac{1}{2\mu_0} B^2
\end{aligned} \tag{12.24}$$

となる. 10.1 節, 10.2 節で述べたことと合わせると, 電磁波では常に電場のエネルギー密度と磁場のエネルギー密度が等しいという性質があることがわかる. ■

12.2 さまざまな電磁波

マクスウェルの方程式によれば，真空中での電磁波の速さは，真空の誘電率および真空の透磁率により

$$c = \frac{1}{\sqrt{\varepsilon_0 \mu_0}} \tag{12.25}$$

と表される．ε_0, μ_0 に実際の数値を代入すると $c = 2.998 \times 10^8$ m/s が得られる．この値は，フィゾー（1819–1896）によって 1849 年に測定された光の速さと極めて近い．また，光が横波であることも電磁波の性質と合致している．これらにより，光も電磁波の一種であることが明らかになった．そこで，真空中での電磁波の速さ c を**光速**とよぶ．電磁波の存在はヘルツの実験により初めて確かめられたことになっているが，実は人類は有史以来，毎日のように電磁波を目にしていたのである．表 12.1 に示すように，電磁場は周波数によりさまざまな名称でよばれている．

表 12.1 電磁波の波長と主な用途

名称	波長 [m]	振動数 [Hz]	主な用途
超長波（VLF）	$1 \times 10^5 \sim 1 \times 10^4$	$3 \times 10^3 \sim 3 \times 10^4$	船舶・航空機の通信
長波（LF）	$1 \times 10^4 \sim 1 \times 10^3$	$3 \times 10^4 \sim 3 \times 10^5$	
中波（MF）	$1 \times 10^3 \sim 1 \times 10^2$	$3 \times 10^5 \sim 3 \times 10^6$	ラジオ放送
短波（HF）	$1 \times 10^2 \sim 1 \times 10^1$	$3 \times 10^6 \sim 3 \times 10^7$	遠距離のラジオ放送
超短波（VHF）	$1 \times 10^1 \sim 1 \times 10^0$	$3 \times 10^7 \sim 3 \times 10^8$	FM 放送，テレビ放送
マイクロ波	$1 \times 10^0 \sim 1 \times 10^{-4}$	$3 \times 10^8 \sim 3 \times 10^{12}$	UHF テレビ放送，携帯電話
赤外線	$1 \times 10^{-4} \sim 8 \times 10^{-7}$	$3 \times 10^{12} \sim 4 \times 10^{14}$	赤外線写真，暖房
可視光	$8 \times 10^{-7} \sim 4 \times 10^{-7}$	$4 \times 10^{14} \sim 8 \times 10^{14}$	光学機械
紫外線	$4 \times 10^{-7} \sim 1 \times 10^{-10}$	$8 \times 10^{14} \sim 3 \times 10^{18}$	殺菌，化学作用
X 線	$1 \times 10^{-9} \sim 1 \times 10^{-12}$		X 線写真，医療（診断）
γ 線	1×10^{-11} 以下		医療（治療）

162   第 12 章　電　磁　波

12.3　偏　　　　光

　電磁波は横波なので，進行方向に対して電場や磁場の振動方向は垂直である．
その場合，電場や磁場は，波の進行方向と垂直な平面内において，どの向きに振動
するかを選ぶ自由度をもっている．その振動の状態を**偏光**という．偏光には大き
く分けて**直線偏光**と**円偏光**がある．直線偏光は，電場や磁場がそれぞれ特定の方
向だけに振動する状態である．例えば進行方向を z 軸とした場合，電場や磁場の
振動方向には x 軸方向，y 軸方向という 2 つの自由度がある．電磁場の振動方向と
進行方向を含む平面を**偏光面**という．電場の偏光面と磁場の偏光面は垂直である．
一方，円偏光とは電場ベクトルおよび磁場ベクトルが大きさを変えずに，進行方向
に垂直な面内を回転する状態である．これは互いに直交する 2 つの直線偏光が位
相を 90° ずらして重ね合わさったものとして理解することができる．円偏光には，
電場ベクトルおよび磁場ベクトルが時計回り，あるいは反時計回りに回転する 2 つ
の自由度がある．これらの円偏光を重ね合わせることによって直線偏光をつくる
ことができる．他にも直線偏光と円偏光の中間的な状態として**楕円偏光**もある．

― 例題 12.2 ―

　平面波である電磁波のポインティングベクトルを計算し，その大きさの
時間平均と向きを答えなさい．

【解答】　8.6 節の冒頭部分で示したように，複素数の実部どうしの積は複素数どうし
の積の実部と一致しないので注意が必要である．そこで実部をとるという演算を省略
せずに平面波を表すと，電場が

$$\boldsymbol{E} = \boldsymbol{E}_0 \cos(\boldsymbol{k} \cdot \boldsymbol{r} - \omega t) \tag{12.26}$$

のとき，式 (12.22) より磁場は

$$\boldsymbol{H} = \frac{\boldsymbol{k} \times \boldsymbol{E}_0}{\mu_0 \omega} \cos(\boldsymbol{k} \cdot \boldsymbol{r} - \omega t) \tag{12.27}$$

となるので，ポインティングベクトルは

$$\boldsymbol{S} = \boldsymbol{E} \times \boldsymbol{H} = \frac{k E_0^2}{\mu_0 \omega} \frac{\boldsymbol{k}}{k} \cos^2(\boldsymbol{k} \cdot \boldsymbol{r} - \omega t) = \frac{E_0^2}{2\mu_0 c} \frac{\boldsymbol{k}}{k} \left[\cos\{2(\boldsymbol{k} \cdot \boldsymbol{r} - \omega t)\} + 1 \right] \tag{12.28}$$

となる．したがってその大きさの時間平均は次のようであり，向き $\frac{\boldsymbol{k}}{k}$ は電磁波の進行
方向である．

$$\frac{E_0^2}{2\mu_0 c} \tag{12.29}$$

12.4 反射と屈折

異なる誘電率や透磁率をもつ物質どうしの境界面では，電場や磁場などが不連続に変化することがありうる．そのような場合に電場や磁場が満たすべき条件を考えてみよう（図 12.2）．ここでは導体は考えず，真電荷や電流は存在しないものとし，$\mathrm{div}\,\boldsymbol{D} = 0$, $\mathrm{div}\,\boldsymbol{B} = 0$ が成り立つとする．境界面を含む非常に薄い微小な板状領域では，板の厚みを db，面積を S とすると

$$\mathrm{div}\,\boldsymbol{D}\,S\,db \approx \boldsymbol{n}\cdot(\boldsymbol{D}_2 - \boldsymbol{D}_1)S \tag{12.30}$$

である．ここでは物質 1，物質 2 における電束密度を $\boldsymbol{D}_1$, $\boldsymbol{D}_2$ とし，境界面に垂直で物質 1 から物質 2 に向かう単位ベクトルを $\boldsymbol{n}$ とした．上式は 0 なので

$$\boldsymbol{n}\cdot\boldsymbol{D}_1 = \boldsymbol{n}\cdot\boldsymbol{D}_2$$

となり，異なる物質の境界面で，電束密度 $\boldsymbol{D}$ の面に垂直な成分は連続であることが示される．磁束密度についても同様に

$$\boldsymbol{n}\cdot\boldsymbol{B}_1 = \boldsymbol{n}\cdot\boldsymbol{B}_2$$

となる．

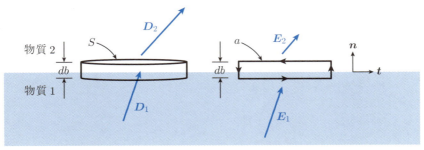

図 12.2　異なる物質の境界での電場や電束密度の接続条件．

次に，境界面を含む長方形に沿って電場や磁場を線積分してみる．長方形のうち境界面に沿った辺の長さを a，境界面を横切る辺の長さを db とし，a に比べて db が無視できるとすると，ストークスの定理（付録 A の式 (A.37)）より

164　　　　　　　第 12 章　電　磁　波

$$\mathrm{rot}\, \boldsymbol{E} \cdot sadb \approx (\boldsymbol{E}_1 - \boldsymbol{E}_2) \cdot ta \tag{12.31}$$

が成り立つ. ここで s は長方形に垂直な単位ベクトル, t は長さ a の辺に平行な単位ベクトルである. db を十分小さくすれば式 (12.31) は限りなく 0 に近づくので

$$\boldsymbol{E}_1 \cdot \boldsymbol{t} = \boldsymbol{E}_2 \cdot \boldsymbol{t}$$

となり, 電場の境界面に平行な成分が連続であることが示された. 磁場も同様に

$$\boldsymbol{H}_1 \cdot \boldsymbol{t} = \boldsymbol{H}_2 \cdot \boldsymbol{t}$$

を満たす. 以上をまとめると, 誘電率 ε_1, 透磁率 μ_1 をもつ物質 1 と, 誘電率 ε_2, 透磁率 μ_2 をもつ物質 2 が接している場合に, 物質 i $(i = 1, 2)$ 中での電場のうち, 境界面に平行な成分, 垂直な成分をそれぞれ $\boldsymbol{E}_{i/\!/}$, $\boldsymbol{E}_{i\perp}$ などのように書くことにすると,

$$\begin{cases} \boldsymbol{E}_{1/\!/} = \boldsymbol{E}_{2/\!/} \\ \boldsymbol{H}_{1/\!/} = \boldsymbol{H}_{2/\!/} \\ \boldsymbol{D}_{1\perp} = \boldsymbol{D}_{2\perp} \\ \boldsymbol{B}_{1\perp} = \boldsymbol{B}_{2\perp} \end{cases} \tag{12.32}$$

が成り立つ.

　物質 1 から物質 2 に向かう電磁波が境界面を越えてどのように進むかを考えよう. 式 (12.32) の関係は

$$\boldsymbol{E}_2 = \boldsymbol{E}_1 + \left(\frac{\varepsilon_2}{\varepsilon_1} - 1 \right) \boldsymbol{E}_{1\perp} \tag{12.33}$$

$$\boldsymbol{H}_2 = \boldsymbol{H}_1 + \left(\frac{\mu_2}{\mu_1} - 1 \right) \boldsymbol{H}_{1\perp} \tag{12.34}$$

と表すことができる. もし $\boldsymbol{E}_1$ と $\boldsymbol{H}_1$, $\boldsymbol{E}_2$ と $\boldsymbol{H}_2$ がそれぞれ単一の電磁波の電場と磁場を表しているなら, 各々の電磁波では電場と磁場が必ず直交しなくてはならないので,

$$\boldsymbol{E}_1 \cdot \boldsymbol{H}_1 = 0 \tag{12.35}$$

$$\boldsymbol{E}_2 \cdot \boldsymbol{H}_2 = 0 \tag{12.36}$$

12.4 反射と屈折

が満たされなければならない．式 (12.33) および式 (12.34) と合わせると

$$\boldsymbol{E}_2 \cdot \boldsymbol{H}_2 = \left(\frac{\varepsilon_2 \mu_2}{\varepsilon_1 \mu_1} - 1\right) \boldsymbol{E}_{1\perp} \cdot \boldsymbol{H}_{1\perp} \tag{12.37}$$

となる．したがって，このままでは $\boldsymbol{E}_{1\perp} \cdot \boldsymbol{H}_{1\perp} = 0$ あるいは $\varepsilon_1 \mu_1 = \varepsilon_2 \mu_2$ という特別な場合を除き，電磁波は物質の境界を越えて進むことが許されないことになってしまう．そこで，電磁波の一部は境界を越えて進み，一部は反射すると考えてみよう．境界に向かって進む電磁波を**入射波**，境界を越えて進む電磁波を**屈折波**，反射して境界から遠ざかる電磁波を**反射波**とよぶ．その場合には，$\boldsymbol{E}_1$ と $\boldsymbol{H}_1$ は入射波と反射波を足し合わせたものについて考えればよいので，$\boldsymbol{E}_1 \cdot \boldsymbol{H}_1 = 0$ は満たされなくてもよい．

3 次元空間のうち $z < 0$ の領域は物質 1 が，$z > 0$ の領域は物質 2 が占めているものとし，$z < 0$ の領域を境界面に向かって進んできた入射波の一部が $z > 0$ の領域に進んで屈折波となり，残りが反射して $z < 0$ の領域を反射波として進む場合を考えよう．

入射波，屈折波，反射波の電場をそれぞれ

$$\boldsymbol{E}_{\mathrm{I}} e^{i(\boldsymbol{k}_{\mathrm{I}} \cdot \boldsymbol{r} - \omega t)}, \quad \boldsymbol{E}_{\mathrm{D}} e^{i(\boldsymbol{k}_{\mathrm{D}} \cdot \boldsymbol{r} - \omega_{\mathrm{D}} t)}, \quad \boldsymbol{E}_{\mathrm{R}} e^{i(\boldsymbol{k}_{\mathrm{R}} \cdot \boldsymbol{r} - \omega_{\mathrm{R}} t)} \tag{12.38}$$

と表すことにしよう．まず，位置 $\boldsymbol{r} = \boldsymbol{0}$ での電束の接続条件は

$$\varepsilon_1 (E_{\mathrm{I}z} e^{-i\omega t} + E_{\mathrm{R}z} e^{-i\omega_{\mathrm{R}} t}) = \varepsilon_2 E_{\mathrm{D}z} e^{-i\omega_{\mathrm{D}} t} \tag{12.39}$$

であるが，これはどの時刻でも満たされなければならない．両辺に $e^{i\omega_{\mathrm{D}} t}$ をかけた式

$$\varepsilon_1 (E_{\mathrm{I}z} e^{-i(\omega - \omega_{\mathrm{D}})t} + E_{\mathrm{R}z} e^{-i(\omega_{\mathrm{R}} - \omega_{\mathrm{D}})t}) = \varepsilon_2 E_{\mathrm{D}z} \tag{12.40}$$

において，右辺は時刻によらないので，左辺も時刻に依存してはならない．そのため

$$\omega = \omega_{\mathrm{D}} = \omega_{\mathrm{R}} \tag{12.41}$$

が導かれる．さらに $z = 0$ 平面での電束の接続条件から，任意の x, y に対して

$$\varepsilon_1 E_{\mathrm{I}z} e^{i\{(k_{\mathrm{I}x} - k_{\mathrm{D}x})x + (k_{\mathrm{I}y} - k_{\mathrm{D}y})y\}} + \varepsilon_1 E_{\mathrm{R}z} e^{i\{(k_{\mathrm{R}x} - k_{\mathrm{D}x})x + (k_{\mathrm{R}y} - k_{\mathrm{D}y})y\}}$$
$$= \varepsilon_2 E_{\mathrm{D}z} \tag{12.42}$$

が成り立たなければならない. このことから

$$k_{Ix} = k_{Dx} = k_{Rx}, \quad k_{Iy} = k_{Dy} = k_{Ry} \tag{12.43}$$

つまり

$$\boldsymbol{k}_{I//} = \boldsymbol{k}_{D//} = \boldsymbol{k}_{R//} \tag{12.44}$$

が導かれる. ここで $\boldsymbol{k}_{I//}, \boldsymbol{k}_{D//}, \boldsymbol{k}_{R//}$ は波数ベクトルの境界面に平行な成分を表す. 入射波, 屈折波, 反射波の波数ベクトルと境界面に垂直な軸（この場合は z 軸）のなす角をそれぞれ α, β, α' とし, それらを**入射角, 屈折角, 反射角**とよぶ（図 12.3）.

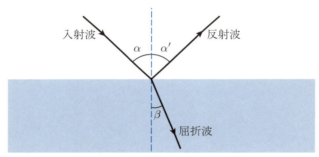

図 12.3 電磁波の反射と屈折.

まず, 同じ物質中では電磁波の速さは同じなので, $|\boldsymbol{k}_I| = |\boldsymbol{k}_R|$ である. 式 (12.44) と合わせると,

$$\frac{|\boldsymbol{k}_{I//}|}{|\boldsymbol{k}_I|} = \frac{|\boldsymbol{k}_{R//}|}{|\boldsymbol{k}_R|}$$

であるので $\sin\alpha = \sin\alpha'$ すなわち $\alpha' = \alpha$ が成り立つ. つまり, 入射角と反射角は等しい. 次に, 物質 1, 物質 2 における電磁波の速さをそれぞれ c_1, c_2 とすると $\omega = c_1|\boldsymbol{k}_I| = c_2|\boldsymbol{k}_D|$ なので

$$\frac{|\boldsymbol{k}_{D//}|}{|\boldsymbol{k}_D|} = \frac{c_2}{c_1}\frac{|\boldsymbol{k}_{I//}|}{|\boldsymbol{k}_I|}$$

すなわち

$$\frac{\sin\beta}{\sin\alpha} = \frac{c_2}{c_1} \tag{12.45}$$

が成り立つ．これを**スネルの法則**という．つまり，波の速さが異なる物質の境界では，電磁波は折れ曲がって進む．これを**屈折**という．ここで

$$\frac{c_2}{c_1} \tag{12.46}$$

を物質 2 に対する物質 1 の**屈折率**という．特に物質 2 が真空の場合の

$$n_1 = \frac{c}{c_1} \tag{12.47}$$

を物質 1 の**絶対屈折率**あるいは単に屈折率という．

物質 1 から物質 2 に光が入射する場合，式 (12.45) より

$$\sin\alpha = \frac{c_1}{c_2}\sin\beta \tag{12.48}$$

である．例えば $c_1 < c_2$ である場合を考えよう．$\sin\beta$ の最大値は 1 なので，屈折は

$$\sin\alpha < \frac{c_1}{c_2} \tag{12.49}$$

を満たす入射角 α の場合しか起こりえない．$c_1 < c_2$ のときに

$$\sin\alpha = \frac{c_1}{c_2}$$

を満たす角 α を**臨界角**という．光が臨界角を超える入射角で入射した場合には屈折は起こらず，全てが反射される．これを**全反射**という．物質 1，物質 2 の絶対屈折率をそれぞれ n_1, n_2 とすると，臨界角は

$$\sin^{-1}\left(\frac{n_2}{n_1}\right) \tag{12.50}$$

と書くことができる．例えば，物質 1 を水，物質 2 を空気とすると $n_1 > n_2$ であるので，水から空気に向かう光には臨界角がある．水中に潜ると，斜め上の水面が鏡のように見えるのは光が全反射されるからである．

12.5　偏光と屈折

電場のうち，境界面に平行な成分には添字 s をつけ，入射面（入射波，屈折波，反射波の波数ベクトルを含む面）に平行な成分には添字 p をつけることにする（図 12.4）．

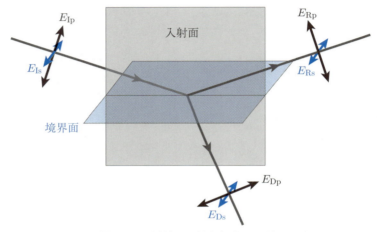

図 12.4　屈折や反射と偏光の関係．

一般に，電場が

$$\bm{E} e^{i(\bm{k}\cdot\bm{r}-\omega t)} \tag{12.51}$$

で与えられるとき，式 (12.22) を用いると磁場が

$$\frac{\bm{k}\times\bm{E}}{\mu\omega} e^{i(\bm{k}\cdot\bm{r}-\omega t)} \tag{12.52}$$

で与えられるので，ある瞬間における入射波，屈折波，反射波の電場をそれぞれ

$$(E_{\mathrm{Is}}, -E_{\mathrm{Ip}}\cos\alpha, E_{\mathrm{Ip}}\sin\alpha) \tag{12.53}$$

$$(E_{\mathrm{Ds}}, -E_{\mathrm{Dp}}\cos\beta, E_{\mathrm{Dp}}\sin\beta) \tag{12.54}$$

$$(E_{\mathrm{Rs}}, E_{\mathrm{Rp}}\cos\alpha, E_{\mathrm{Rp}}\sin\alpha) \tag{12.55}$$

12.5 偏光と屈折

とすると，入射波，屈折波，反射波の磁場はそれぞれ

$$\frac{k_1}{\mu_1\omega}(E_{\mathrm{Ip}}, E_{\mathrm{Is}}\cos\alpha, -E_{\mathrm{Is}}\sin\alpha) \tag{12.56}$$

$$\frac{k_2}{\mu_2\omega}(E_{\mathrm{Dp}}, E_{\mathrm{Ds}}\cos\beta, -E_{\mathrm{Ds}}\sin\beta) \tag{12.57}$$

$$\frac{k_1}{\mu_1\omega}(E_{\mathrm{Rp}}, -E_{\mathrm{Rs}}\cos\alpha, -E_{\mathrm{Rs}}\sin\alpha) \tag{12.58}$$

と表される．電束密度，磁束密度の z 成分の連続性より

$$\varepsilon_1(E_{\mathrm{Ip}} + E_{\mathrm{Rp}})\sin\alpha = \varepsilon_2 E_{\mathrm{Dp}}\sin\beta \tag{12.59}$$

$$\frac{1}{c_1}(E_{\mathrm{Is}} + E_{\mathrm{Rs}})\sin\alpha = \frac{1}{c_2}E_{\mathrm{Ds}}\sin\beta \tag{12.60}$$

が成り立ち，電場，磁場の x, y 成分の連続性より

$$E_{\mathrm{Is}} + E_{\mathrm{Rs}} = E_{\mathrm{Ds}} \tag{12.61}$$

$$(E_{\mathrm{Ip}} - E_{\mathrm{Rp}})\cos\alpha = E_{\mathrm{Dp}}\cos\beta \tag{12.62}$$

$$\frac{\mu_1}{c_1}(E_{\mathrm{Ip}} + E_{\mathrm{Rp}}) = \frac{\mu_2}{c_2}E_{\mathrm{Dp}} \tag{12.63}$$

$$\frac{\mu_1}{c_1}(E_{\mathrm{Is}} - E_{\mathrm{Rs}})\cos\alpha = \frac{\mu_2}{c_2}E_{\mathrm{Ds}}\cos\beta \tag{12.64}$$

が成り立つ．スネルの法則 (12.45) を用いると，式 (12.59) と式 (12.63)，式 (12.60) と式 (12.61) は事実上同じであるので，独立した式は 4 つである．式 (12.61) と式 (12.64) より

$$2E_{\mathrm{Is}} = \left(1 + \frac{\mu_1 c_1}{\mu_2 c_2}\frac{\cos\beta}{\cos\alpha}\right)E_{\mathrm{Ds}} \tag{12.65}$$

が，式 (12.62) と式 (12.63) より

$$2E_{\mathrm{Ip}} = \left(\frac{\mu_1 c_1}{\mu_2 c_2} + \frac{\cos\beta}{\cos\alpha}\right)E_{\mathrm{Dp}} \tag{12.66}$$

が得られる．光の周波数の電磁波に対して多くの物質では $\mu_1 \approx \mu_2$ としてよいので，式 (12.65) より

170　　　　　　　　　　第 12 章　電　磁　波

$$E_{\mathrm{Ds}} = \frac{2\sin\beta\cos\alpha}{\sin(\alpha+\beta)}\, E_{\mathrm{Is}} \tag{12.67}$$

$$E_{\mathrm{Rs}} = -\frac{\sin(\alpha-\beta)}{\sin(\alpha+\beta)}\, E_{\mathrm{Is}} \tag{12.68}$$

が得られ，式 (12.66) より

$$E_{\mathrm{Dp}} = \frac{2\sin\beta\cos\alpha}{\sin(\alpha+\beta)\cos(\alpha-\beta)}\, E_{\mathrm{Ip}} \tag{12.69}$$

$$E_{\mathrm{Rp}} = \frac{\tan(\alpha-\beta)}{\tan(\alpha+\beta)}\, E_{\mathrm{Ip}} \tag{12.70}$$

が得られる．以上により，入射波，屈折波，反射波の電場ベクトルの関係が完全に定まった．これらの関係式を**フレネルの式**という．

式 (12.70) で

$$\alpha + \beta = 90°$$

とおくと，反射波の電場の入射面内成分は必ず 0 になることがわかる．この条件を満たす入射角を**ブルースター角**という．ブルースター角に近い角度で入射する光の反射光は，ほぼ境界面に平行に偏光しているので，この偏光を通さないフィルターを通すことにより，反射光のみを選択的に除去することができる．この仕組みはサングラスなどに応用されている．

12.6　電磁波の減衰

誘電率が ε, 電気伝導度が σ である物質中の電磁波を考えてみよう．このとき式 (2.3), (5.17) より $\boldsymbol{D} = \varepsilon \boldsymbol{E}$, $\boldsymbol{i} = \sigma \boldsymbol{E}$ が成り立つ．電荷はないとし，これをマクスウェルの方程式の第3式 (9.13) と第4式 (9.14) に代入して整理すると，

$$\nabla^2 \boldsymbol{E} = \sigma\mu \frac{\partial}{\partial t}\boldsymbol{E} + \varepsilon\mu \frac{\partial^2}{\partial t^2}\boldsymbol{E} \tag{12.71}$$

得られる．これを**電信方程式**という．この解を $\boldsymbol{E}_0 e^{i(\boldsymbol{k}\cdot\boldsymbol{r}-\omega t)}$ とおくと

$$k = \sqrt{\varepsilon\mu\omega^2 + i\sigma\mu\omega} \tag{12.72}$$

という関係が得られる．$k = \alpha + i\beta$ と表し，実数 α, β を求めると

$$\alpha = \sqrt{\varepsilon\mu}\,\omega \left(\frac{1+\sqrt{1+\frac{\sigma^2}{\varepsilon^2\omega^2}}}{2}\right)^{\frac{1}{2}}, \quad \beta = \sqrt{\varepsilon\mu}\,\omega \left(\frac{-1+\sqrt{1+\frac{\sigma^2}{\varepsilon^2\omega^2}}}{2}\right)^{\frac{1}{2}} \tag{12.73}$$

となる．例えば波の進行方向を z とすると，電場の式は

$$\boldsymbol{E}_0 e^{-\beta z} e^{i(\alpha z - \omega t)} \tag{12.74}$$

となり，図 12.5 のように減衰しながら進行していく電磁波を表す．減衰するのは電磁波により電流が発生し，そのジュール熱のために電磁波のエネルギーが

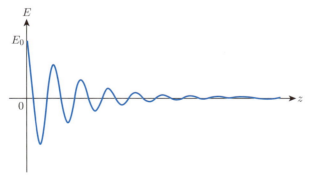

図 12.5　電気抵抗のある導体中に侵入した電磁波の電場．

172　　　　　　　　　　　第 12 章　電　磁　波

失われるからである．電場の振幅が $\frac{1}{e}$ になるまでの距離 $\frac{1}{\beta}$ は，電磁波が侵入できる深さの目安になる．σ が十分大きい場合には

$$\frac{1}{\beta} \approx \sqrt{\frac{2}{\mu\sigma\omega}} \tag{12.75}$$

となる．

12 章の問題

□ **12.1**　円偏光の光がブルースター角で境界面に入射した場合，反射波および屈折波はどうなるか考察しなさい．

□ **12.2**　電場

$$\boldsymbol{E}(\boldsymbol{r},t) = \frac{1}{r}\cos\left\{\omega\left(t - \frac{r}{c}\right)\right\}\boldsymbol{e} \tag{12.76}$$

が式 (12.7) の波動方程式の解になっていることを示しなさい．ただし $r = |\boldsymbol{r}|$ であり，$\boldsymbol{e}$ は $\boldsymbol{r} = (x,y,z)$ に垂直な単位ベクトルである．

□ **12.3**　$z > 0$ の領域が誘電率 ε，透磁率 μ，電気伝導度 σ の物質で占められているとき，$z < 0$ の領域から z の正の向きに進行してきた電磁波とその反射波のエネルギー比を求めなさい．

13 電磁波の放射と散乱

　物質中の電磁波の速さは振動数により異なる．これを分散という．分散の原因は，振動数によって誘電率が変わることにある．分散があれば光の速さに応じて屈折角が異なる．虹が美しい七色に見えるのはこのような理由による．

　マクスウェルの方程式によると，電荷や電流の情報は離れた場所に瞬時に伝わるのではなく，光速で伝わることが示される．そのため，電気双極子を素速く振動させると，それに伴う電磁場の振動は双極子から離れるほど遅れたタイミングで振動し，球面波の電磁波として周囲の空間に拡がっていく．

　平面波の電磁波を電気双極子に照射すると双極子が振動し，それが球面波を発生させる．この一連の現象は直進する電磁波が四方八方に散乱されたと解釈することもできる．空が青く見える理由は，太陽光の散乱のされ易さが色によって異なるためである．

13章で学ぶ概念・キーワード
- 分散
- プラズマ振動数
- 遅延ポテンシャル
- 双極子放射，球面波
- トムソン散乱，レイリー散乱

174 第 13 章 電磁波の放射と散乱

13.1 電磁波の分散

　一般に，振動電場に対する物質の誘電率は振動数に依存する．その結果，振動数が異なると電磁波の速さも異なる．このような現象を**分散**という．分散が起きる原因をミクロな立場から考察してみよう．物質を構成する原子や分子は原子核とそれをとりまく電子からなり，それぞれ正，負の電荷をもっている．これを単純なモデルで表すことにする．まず，外部電場がない場合には，原子核の位置と電子の平均位置は完全に一致しているとする．また，電子は原子核に比べて非常に軽いので，原子核は静止し，電子だけが動くとみなす．さらに，電子の平均位置が原子核の位置からずれた場合には，その変位に比例する復元力がはたらくものとする．

　このような原子あるいは分子に x 軸方向に振動する振動電場 $E_0 \cos \omega t$ がかかっているとき，電子が従う運動方程式は

$$m \frac{d^2}{dt^2} x = -eE_0 \cos \omega t - m\omega_0^2 x \tag{13.1}$$

と表される．ここでは電子を大きさのない質点と考え，質量を m，電荷を $-e$，位置を x とした．$m\omega_0^2$ は復元力を生じる「ばね定数」である．この方程式の解を $x = x_0 \cos \omega t$ と仮定して式 (13.1) に代入すると

$$x_0 = \frac{eE_0}{m(\omega^2 - \omega_0^2)} \tag{13.2}$$

が得られる．この変位により電気双極子

$$p = -ex = \frac{-e^2 E_0}{m(\omega^2 - \omega_0^2)} \cos \omega t \tag{13.3}$$

が生じるので，単位体積あたりの電気双極子の数を n とすると，誘電分極は

$$P = np = -\frac{ne^2 E_0}{m(\omega^2 - \omega_0^2)} \cos \omega t \tag{13.4}$$

となる．ここで，式 (9.20) より $D = \varepsilon_0 E + P = \varepsilon_r \varepsilon_0 E$ であるので，比誘電率は

$$\varepsilon_r = 1 + \frac{P}{\varepsilon_0 E} = 1 + \frac{ne^2}{\varepsilon_0 m(\omega_0^2 - \omega^2)} \tag{13.5}$$

と書ける．物質中の透磁率が真空中と変わらないとすると，物質中での屈折率は

$$n = \frac{\sqrt{\varepsilon_r \varepsilon_0 \mu_0}}{\sqrt{\varepsilon_0 \mu_0}} = \sqrt{\varepsilon_r} = \sqrt{1 + \frac{ne^2}{\varepsilon_0 m(\omega_0^2 - \omega^2)}} \tag{13.6}$$

となり，物質中での光速は $\frac{c}{n}$ に変わる．これは角振動数 ω に依存して変化するので分散が起きる．例えばガラスでは ω_0 が可視光の角振動数 ω より大きいので，角振動数が大きい（波長が短い）紫色の光は角振動数が小さい（波長が長い）赤色の光より屈折率が大きい（図 13.1）．さまざまな振動数の光が混じっている太陽光がプリズムにより単色光に分けられるのは，分散のため振動数により屈折角が異なることが原因である．ここで水とベンゼンの屈折率を比較してみると，付録 B に示すように前者は 1.3，後者は 1.5 である．誘電率は水の方がはるかに大きいので，これは式 (13.6) と矛盾するように思うかもしれない．しかし，光に対する誘電率とは 10^{14} Hz 程度の周波数で振動する電場に対する誘電率のことである．このような速い振動電場に対しては極性分子の回転運動はついていくことができない．そのため屈折率には分子の極性の有無は反映されず，分子内での電子の移動のし易さが主に寄与する．

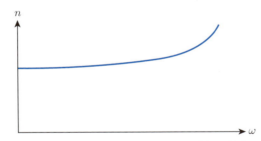

図 13.1 物質中における電磁波の角振動数と屈折率の関係．

176　　　　　　　第 13 章　電磁波の放射と散乱

13.2　金属中の電磁波

金属では，原子に束縛されずに自由に動ける**自由電子**が存在する．そのような物質中の電磁波を考えてみよう．ここでは電気抵抗は考えないことにする．自由電子の運動は，前節のモデルで復元力を 0 とした極限での運動と考えてよいので，式 (13.1) で $\omega_0 = 0$ とすれば前節での考察をそのまま用いることができる．単位体積あたりに自由電子が n 個含まれているとすると，比誘電率は

$$\varepsilon_{\mathrm{r}} = 1 + \frac{P}{\varepsilon_0 E} = 1 - \frac{ne^2}{\varepsilon_0 m \omega^2} = 1 - \frac{\omega_{\mathrm{p}}^2}{\omega^2} \tag{13.7}$$

である．ここで

$$\omega_{\mathrm{p}} = \sqrt{\frac{ne^2}{\varepsilon_0 m}} \tag{13.8}$$

とした．これを**プラズマ振動数**とよぶ．振動電場の角振動数 ω がプラズマ振動数 ω_{p} より小さい場合には誘電率は負になる．波動方程式

$$\left(\nabla^2 - \varepsilon\mu \frac{\partial^2}{\partial t^2} \right) \boldsymbol{E} = 0 \tag{13.9}$$

の解を $\boldsymbol{E} = \boldsymbol{E}_0 e^{i(\boldsymbol{k}\cdot\boldsymbol{r} - \omega t)}$ とおくと，

$$-k^2 + \varepsilon\mu\omega^2 = 0 \tag{13.10}$$

であるが，ε が負の場合には波数 k は純虚数になる．これを正の実数 κ を用いて $k = \pm i\kappa$ と表すことにしよう．

$z < 0$ は真空，$z > 0$ には $\omega < \omega_{\mathrm{p}}$ の金属が存在するとし，$z < 0$ の領域から z 軸方向に進んできた電磁波が金属に侵入するとき，金属中での電場は

$$\boldsymbol{E} = \boldsymbol{E}_0 e^{-\kappa z} e^{-i\omega t} \tag{13.11}$$

と書ける．電場の振幅が進行に従って増加し，無限大まで発散することはありえないので，ここでは電場が減衰する解のみを選んだ．これを図示すると図 13.2 のようになる．式 (13.11) はプラズマ振動数よりも小さい角振動数の電場が金属中では波動として存在できないことを示す（図 13.2）．

この場合の境界での電磁波の反射を考えてみよう．電場は x 軸方向に偏光しているとし，入射波の電場の x 成分と磁場の y 成分をそれぞれ

13.2 金属中の電磁波

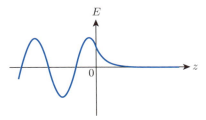

図 13.2 金属中に侵入した電磁波.

$$E_1 e^{ik_0 z} e^{-i\omega t}, \quad \frac{k}{\mu\omega} E_1 e^{ik_0 z} e^{-i\omega t} \tag{13.12}$$

反射波の電場の x 成分と磁場の y 成分をそれぞれ

$$E_2 e^{-ik_0 z} e^{-i\omega t}, \quad -\frac{k}{\mu\omega} E_2 e^{-ik_0 z} e^{-i\omega t} \tag{13.13}$$

と表すことにする.また式 (13.11) より,$z > 0$ の領域に侵入した電磁波の電場の x 成分と磁場の y 成分はそれぞれ

$$E_0 e^{-\kappa z} e^{-i\omega t}, \quad \frac{\kappa}{\mu\omega} i E_0 e^{-\kappa z} e^{-i\omega t} \tag{13.14}$$

と書ける.電場と磁場がそれぞれ $z = 0$ で連続であることから

$$E_1 + E_2 = E_0 \tag{13.15}$$

$$\frac{k_0}{\mu\omega}(E_1 - E_2) = \frac{\kappa}{\mu\omega} i E_0 \tag{13.16}$$

が満たされなければならない.これを解くと

$$E_1 = \frac{1}{2}\left(1 + \frac{\kappa}{k_0} i\right) E_0 \tag{13.17}$$

$$E_2 = \frac{1}{2}\left(1 - \frac{\kappa}{k_0} i\right) E_0 \tag{13.18}$$

となる.ここで,

$$|E_1| = |E_2| = \frac{1}{2}\sqrt{1 + \frac{\kappa^2}{k_0^2}}\, |E_0| \tag{13.19}$$

なので入射波と反射波の振幅は等しい.これは電磁波が全て反射されることを意味する.金属が可視光を反射して光沢をもつのはこのような理由による.上空にある**電離層**が電波を反射する理由も同様に説明できる.

178　　　　　　第 13 章　電磁波の放射と散乱

13.3　遅延ポテンシャル

9 章の 9.8 節で述べたように，ローレンツゲージによるマクスウェルの方程式は

$$\left(-\frac{1}{c^2}\frac{\partial^2}{\partial t^2}+\nabla^2\right)\phi=-\frac{\rho}{\varepsilon_0} \tag{13.20}$$

$$\left(-\frac{1}{c^2}\frac{\partial^2}{\partial t^2}+\nabla^2\right)\boldsymbol{A}=-\mu_0\boldsymbol{i} \tag{13.21}$$

である．これらを用いて原点に点電荷 Q がある場合に電位 ϕ を求めてみよう．ここでは電荷は時刻の関数として $Q(t)$ のように変化してもよいとし，電位は $\phi(\boldsymbol{r},t)$ のように位置と時刻に依存すると考える．最初に式 (9.32) を参考にして，式 (13.20) の解を

$$\phi(\boldsymbol{r},t)=\frac{1}{4\pi\varepsilon_0}\frac{Q(t)}{r} \tag{13.22}$$

と仮定すると，$\boldsymbol{r}\neq\boldsymbol{0}$ で

$$\nabla^2\phi=0 \tag{13.23}$$

が成り立つ．すると式 (13.20) の左辺は

$$-\frac{1}{c^2}\frac{1}{4\pi\varepsilon_0 r}\frac{\partial^2 Q(t)}{\partial t^2} \tag{13.24}$$

となり，Q が時刻によらず一定の場合を除いて 0 にならない．

例題 13.1

$\boldsymbol{r}\neq\boldsymbol{0}$ のとき

$$\phi(\boldsymbol{r},t)=\frac{1}{4\pi\varepsilon_0}\frac{Q(t-\frac{r}{c})}{r} \tag{13.25}$$

が次式を満たすことを示しなさい．

$$\left(-\frac{1}{c^2}\frac{\partial^2}{\partial t^2}+\nabla^2\right)\phi=0 \tag{13.26}$$

【解答】　式 (9.31) を利用すると

$$\nabla^2 \phi = \frac{1}{r^2} \frac{\partial}{\partial r} \left(r^2 \frac{\partial}{\partial r} \phi \right) = \frac{1}{4\pi\varepsilon_0} \frac{1}{r^2} \frac{\partial}{\partial r} \left(-Q + \frac{1}{r} \frac{\partial Q}{\partial r} \right)$$

$$= \frac{1}{4\pi\varepsilon_0} \frac{1}{r} \frac{\partial^2 Q}{\partial r^2} = \frac{1}{c^2} \frac{1}{4\pi\varepsilon_0} \frac{1}{r} \frac{\partial^2 Q}{\partial t^2} \tag{13.27}$$

となる. 最後の変形では

$$\frac{\partial Q(t - \frac{r}{c})}{\partial r} = -\frac{1}{c} \frac{\partial Q(t - \frac{r}{c})}{\partial t} \tag{13.28}$$

を用いた. したがって式 (13.25) で与えられる電位は $r \neq 0$ のときに確かに式 (13.26) を満たしていることがわかる. ■

次に $r = 0$ を含む領域で

$$\left(-\frac{1}{c^2} \frac{\partial^2}{\partial t^2} + \nabla^2 \right) \phi \tag{13.29}$$

のようすを調べる. 付録 A のベクトル解析の恒等式 (A.38) および (A.39), さらに式 (9.31) を利用すると

$$\left(-\frac{1}{c^2} \frac{\partial^2}{\partial t^2} + \nabla^2 \right) \left\{ \frac{Q(t - \frac{r}{c})}{r} \right\} = -\frac{1}{c^2} \frac{1}{r} \frac{\partial^2}{\partial t^2} Q + \mathrm{div} \left\{ \nabla \left(\frac{Q}{r} \right) \right\}$$

$$= -\frac{1}{c^2} \frac{1}{r} \frac{\partial^2}{\partial t^2} Q + \frac{1}{r} \nabla^2 Q - \frac{1}{r^2} \frac{\partial}{\partial r} Q + \mathrm{div} \left\{ Q \nabla \left(\frac{1}{r} \right) \right\}$$

$$= \frac{1}{r^2} \frac{\partial}{\partial r} Q + \mathrm{div} \left\{ Q \nabla \left(\frac{1}{r} \right) \right\} \tag{13.30}$$

と変形できるので, $r = 0$ を含む半径 ϵ の微小な球内での体積積分は

$$\iiint \left(-\frac{1}{c^2} \frac{\partial^2}{\partial t^2} + \nabla^2 \right) \phi \, dV$$

$$= \frac{4\pi}{\varepsilon_0} \int_0^\epsilon \frac{\partial Q(t - \frac{r}{c})}{\partial r} \, dr - 4\pi\epsilon^2 \frac{1}{4\pi\varepsilon_0} Q \left(t - \frac{\epsilon}{c} \right) \frac{1}{\epsilon^2}$$

$$= \frac{4\pi}{\varepsilon_0} \left\{ Q \left(t - \frac{\epsilon}{c} \right) - Q(t) \right\} - \frac{Q(t - \frac{\epsilon}{c})}{\varepsilon_0} \tag{13.31}$$

となる (ガウスの定理も用いた). これは $\epsilon \to 0$ の極限で

$$\iiint \left(-\frac{1}{c^2} \frac{\partial^2}{\partial t^2} + \nabla^2 \right) \phi \, dV \to -\frac{Q(t)}{\varepsilon_0} \tag{13.32}$$

となる.

式 (13.26) と式 (13.32) より電位

第13章 電磁波の放射と散乱

$$\phi(\boldsymbol{r}, t) = \frac{1}{4\pi\varepsilon_0} \frac{Q(t - \frac{r}{c})}{r} \tag{13.33}$$

は，原点に点電荷 $Q(t)$ がある場合の微分方程式 (13.20) の解になっていることが示された．もし電荷が時間によらず一定なら，これは静電荷の場合の式 (9.32)に完全に一致する．しかし，電荷が時間的に変化する場合には，電荷から距離 r 離れた位置の時刻 t における電位は，その瞬間の電荷で決まるのではなく，過去の時刻 $t - \frac{r}{c}$ での電荷で決まることを式 (13.33) は意味している．この時間差 $\frac{r}{c}$ は電荷の位置から発せられた光（電磁波）が観測点に到達するまでにかかる時間に相当する．これは電荷の情報は離れた場所に瞬時に伝わるのではなく，光の速さで伝わることを意味する．その意味を込めて，式 (13.33) を**遅延ポテンシャル**という．この式は一見すると電場だけが関係した式のように見えるが，導出過程で磁場が関与している．つまり，この式はクーロンの法則のみからは導くことができず，電磁気学の諸法則がマクスウェルにより統合されて初めて得られたものである．電荷の情報が瞬時に伝わらないということは，電磁気学の法則を遠隔相互作用の立場で理解することができないことを意味している．

実は，遅延ポテンシャルだけではなく，**先進ポテンシャル**

$$\phi(\boldsymbol{r}, t) = \frac{1}{4\pi\varepsilon_0} \frac{Q(t + \frac{r}{c})}{r} \tag{13.34}$$

も方程式 (13.20) の解であることが同様に示される．これは現在の電位が，未来の電荷のようすで決まることを意味する．この解は**因果律**に反するので通常は排除される．

遅延ポテンシャルと重ね合わせの原理から，電荷密度 $\rho(\boldsymbol{s}, t)$ が与えられている場合の電位は

$$\phi(\boldsymbol{r}) = \frac{1}{4\pi\varepsilon_0} \iiint \frac{\rho(\boldsymbol{s}, t - \frac{|\boldsymbol{r}-\boldsymbol{s}|}{c})}{|\boldsymbol{r} - \boldsymbol{s}|} dV \tag{13.35}$$

により，電流密度 $\boldsymbol{i}(\boldsymbol{s}, t)$ が与えられている場合のベクトルポテンシャルは

$$\boldsymbol{A}(\boldsymbol{r}) = \frac{\mu_0}{4\pi} \iiint \frac{\boldsymbol{i}(\boldsymbol{s}, t - \frac{|\boldsymbol{r}-\boldsymbol{s}|}{c})}{|\boldsymbol{r} - \boldsymbol{s}|} dV \tag{13.36}$$

により求めることができる．もし電荷密度や電流密度が時間によらず一定なら，これらは式 (9.36) および式 (9.48) と全く同じになる．

13.4 双極子放射

図 13.3 のように位置 $(0, 0, \frac{l}{2})$ に電荷 q，位置 $(0, 0, -\frac{l}{2})$ に電荷 $-q$ があり，電気双極子を形成しているとする．電荷が $q = q_0 \cos\omega t$ のように振動しているとき，$p_0 = q_0 l$ とすると電気双極子は $p = p_0 \cos\omega t$ と表される．この電気双極子が十分離れた場所につくる電場と磁場を求めてみよう．電気双極子が時間とともに変化しているとき，2 つの電荷を結ぶ長さ l の領域には

$$I = \frac{dq}{dt} = -\omega q_0 \sin\omega t \tag{13.37}$$

という電流が流れているとみなせる．この電流がつくる遅延ポテンシャルを式 (13.36) より計算してみよう．まず，電流には z 成分しかないので，ベクトルポテンシャルも z 成分のみをもつ．電流は x 軸，y 軸方向には微小な幅 ϵ を流れているとする．電流は z 軸方向には長さ l の領域に流れているが，l が微小なら電流は全て原点に存在していると近似できるので

$$A_z(\boldsymbol{r}, t) \approx \frac{\mu_0}{4\pi} \frac{1}{r} \int_{-\frac{l}{2}}^{\frac{l}{2}} \int_{-\epsilon}^{\epsilon} \int_{-\epsilon}^{\epsilon} i_z\left(\boldsymbol{0}, t - \frac{r}{c}\right) dx dy dz$$
$$= \frac{\mu_0}{4\pi} \frac{1}{r} l I(t') = -\frac{\mu_0 p_0 \omega}{4\pi} \frac{1}{r} \sin\omega t' \tag{13.38}$$

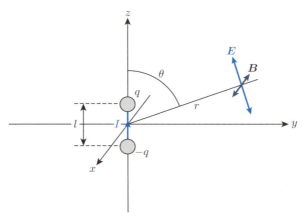

図 13.3 振動する電気双極子による電磁波の放射．

182　　　　　　　第 13 章　電磁波の放射と散乱

と書くことができる. ここで

$$t' = t - \frac{r}{c} \tag{13.39}$$

とした.

　一方, 電荷がつくる遅延ポテンシャルは, 電荷 q, 電荷 $-q$ から観測点までの距離をそれぞれ r_1, r_2 とすると

$$\phi(\boldsymbol{r}, t) = \frac{q}{4\pi\varepsilon_0} \left(\frac{\cos\{\omega(t - \frac{r_1}{c})\}}{r_1} - \frac{\cos\{\omega(t - \frac{r_2}{c})\}}{r_2} \right) \tag{13.40}$$

である. ここで, $r \gg l$ とすると,

$$r_1 = \sqrt{x^2 + y^2 + \left(z - \frac{l}{2}\right)^2} \approx \sqrt{r^2 - zl} \approx r - \frac{zl}{2r}$$

$$r_2 = \sqrt{x^2 + y^2 + \left(z + \frac{l}{2}\right)^2} \approx \sqrt{r^2 + zl} \approx r + \frac{zl}{2r} \tag{13.41}$$

である. この近似を用いると,

$$\Delta r = \frac{zl}{r}$$

として

$$
\begin{aligned}
\phi(\boldsymbol{r}, t) &\\
&\approx \frac{q}{4\pi\varepsilon_0} \left(\frac{\cos\{\omega(t - \frac{r - \Delta r/2}{c})\}}{r - \frac{\Delta r}{2}} - \frac{\cos\{\omega(t - \frac{r + \Delta r/2}{c})\}}{r + \frac{\Delta r}{2}} \right) \\
&\approx -\frac{q}{4\pi\varepsilon_0} \frac{d}{dr} \left(\frac{\cos\{\omega(t - \frac{r}{c})\}}{r} \right) \Delta r \\
&= \frac{p_0}{4\pi\varepsilon_0} \frac{z}{r^3} \cos\omega t' - \frac{p_0}{4\pi\varepsilon_0} \frac{\omega}{c} \frac{z}{r^2} \sin\omega t' \tag{13.42}
\end{aligned}
$$

となる.

13.4 双極子放射

183

例題 13.2

式 (13.38) と式 (13.42) のベクトルポテンシャルと電位を用いて，電場

$$\boldsymbol{E}(x,y,z,t) = -\nabla\phi - \frac{\partial\boldsymbol{A}}{\partial t} \tag{13.43}$$

を計算しなさい.

【解答】

$$\frac{\partial\phi}{\partial x} = \frac{p_0 z}{4\pi\varepsilon_0}\left(-3\frac{x}{r^5}\cos\omega t' + 3\frac{\omega}{c}\frac{x}{r^4}\sin\omega t' + \frac{\omega^2}{c^2}\frac{x}{r^3}\cos\omega t'\right) \tag{13.44}$$

$$\frac{\partial\phi}{\partial y} = \frac{p_0 z}{4\pi\varepsilon_0}\left(-3\frac{y}{r^5}\cos\omega t' + 3\frac{\omega}{c}\frac{y}{r^4}\sin\omega t' + \frac{\omega^2}{c^2}\frac{y}{r^3}\cos\omega t'\right) \tag{13.45}$$

$$\frac{\partial\phi}{\partial z} = \frac{p_0 z}{4\pi\varepsilon_0}\left(-3\frac{z}{r^5}\cos\omega t' + 3\frac{\omega}{c}\frac{z}{r^4}\sin\omega t' + \frac{\omega^2}{c^2}\frac{z}{r^3}\cos\omega t'\right)$$

$$+ \frac{p_0}{4\pi\varepsilon_0}\left(\frac{1}{r^3}\cos\omega t' - \frac{\omega}{c}\frac{1}{r^2}\sin\omega t'\right) \tag{13.46}$$

および

$$\frac{\partial A_z}{\partial t} = -\frac{\mu_0 p_0\omega}{4\pi}\frac{1}{r}\omega\cos\omega t' = -\frac{p_0}{4\pi\varepsilon_0}\frac{\omega^2}{c^2}\frac{1}{r}\omega\cos\omega t' \tag{13.47}$$

を用いると，電場は

$$\boldsymbol{E}(x,y,z,t) = \frac{p_0}{4\pi\varepsilon_0 r^5}\cos\omega t'(3xz, 3yz, -x^2 - y^2 + 2z^2)$$

$$- \frac{p_0}{4\pi\varepsilon_0 r^4}\frac{\omega}{c}\sin\omega t'(3xz, 3yz, -x^2 - y^2 + 2z^2)$$

$$- \frac{p_0}{4\pi\varepsilon_0 r^3}\frac{\omega^2}{c^2}\cos\omega t'(xz, yz, -x^2 - y^2) \tag{13.48}$$

となる. ここで，1 行目，2 行目，3 行目はそれぞれ r^{-3}, r^{-2}, r^{-1} に比例して減衰する項である.　　　　　　　　　　　　　　　　　　　　　　　　■

磁束密度は $\boldsymbol{B} = \mathrm{rot}\,\boldsymbol{A}$（式 (9.37)）により計算できる.

$$B_x = \frac{\partial A_z}{\partial y} = \frac{\mu_0 p_0\omega}{4\pi}\left(\frac{\omega}{c}\frac{y}{r^2}\cos\omega t' + \frac{y}{r^3}\sin\omega t'\right) \tag{13.49}$$

$$B_y = -\frac{\partial A_z}{\partial x} = -\frac{\mu_0 p_0\omega}{4\pi}\left(\frac{\omega}{c}\frac{x}{r^2}\cos\omega t' + \frac{x}{r^3}\sin\omega t'\right) \tag{13.50}$$

であるので，磁束密度は

184　　　　　　第 13 章　電磁波の放射と散乱

$$
\boldsymbol{B}(x, y, z, t) = \frac{p_0}{4\pi\varepsilon_0 r^3} \frac{\omega}{c^2} \sin\omega t'(y, -x, 0)
$$
$$
+ \frac{p_0}{4\pi\varepsilon_0 r^2} \frac{\omega^2}{c^3} \cos\omega t'(y, -x, 0) \tag{13.51}
$$

となる．ここで，右辺第 1 項，第 2 項はそれぞれ r^{-2}, r^{-1} に比例して減衰する．

十分遠方では，式 (13.48) および式 (13.51) において r^{-1} に比例する項のみを取り出した電磁場

$$
\boldsymbol{E}(x, y, z, t) = -\frac{p_0}{4\pi\varepsilon_0 r^3} \frac{\omega^2}{c^2} \cos\omega t'(xz, yz, -x^2 - y^2) \tag{13.52}
$$

$$
\boldsymbol{B}(x, y, z, t) = \frac{p_0}{4\pi\varepsilon_0 r^2} \frac{\omega^2}{c^3} \cos\omega t'(y, -x, 0) \tag{13.53}
$$

だけが寄与することになる．このようにみなせる領域を**波動帯**という．これらの式を式 (10.49) で与えられる球面極座標を用いて書くと

$$
\boldsymbol{E}(r, t) = \frac{p_0\omega^2}{4\pi\varepsilon_0 c^2} \frac{1}{r} \sin\theta \cos\omega t'(-\cos\theta\cos\phi, -\cos\theta\sin\phi, \sin\theta) \tag{13.54}
$$

$$
\boldsymbol{B}(r, t) = \frac{p_0\omega^2}{4\pi\varepsilon_0 c^3} \frac{1}{r} \sin\theta \cos\omega t'(\sin\phi, -\cos\phi, 0) \tag{13.55}
$$

となる．ここで，観測点を含む半径 r の球を地球に例えたとき，観測点において北，西を指す単位ベクトルをそれぞれ $\boldsymbol{e}_\mathrm{N}$, $\boldsymbol{e}_\mathrm{W}$ とすると，「地球」の中心にある振動双極子がつくる電場および磁束密度は

$$
\boldsymbol{E}(r, t) = \frac{p_0\omega^2}{4\pi\varepsilon_0 c^2} \frac{1}{r} \sin\theta \cos\omega t'\, \boldsymbol{e}_\mathrm{N} \tag{13.56}
$$

$$
\boldsymbol{B}(r, t) = \frac{p_0\omega^2}{4\pi\varepsilon_0 c^3} \frac{1}{r} \sin\theta \cos\omega t'\, \boldsymbol{e}_\mathrm{W} \tag{13.57}
$$

と表すことができる．これを図示すると図 13.4 のようになる．この電磁波では，$\omega t'$ が位相を表しているので，例えば $\omega t' = 2\pi n$（n は整数）を満たす点の集合が波の「山」を表す．この条件は

$$
\omega\left(t - \frac{r}{c}\right) = 2\pi n \tag{13.58}
$$

であるので，同時刻において電気双極子から等距離の点は全て位相が等しいことを意味する．このような波を**球面波**という．例えば位相が 0 である位置の時

13.4 双極子放射

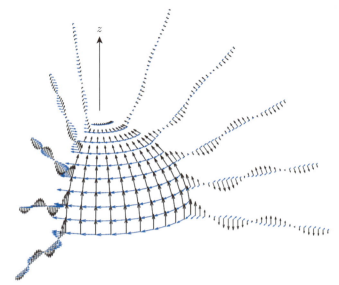

図 13.4 球の中心にあって時間とともに振動する電気双極子により放射された電磁波．黒矢印と青矢印はそれぞれ電場と磁束密度を表す．

間依存性は
$$r = ct \tag{13.59}$$
となる．これは波面が速さ c で球状に拡がっていくことを示す．また隣の「山」との距離から，波長が
$$\lambda = \frac{2\pi c}{\omega} \tag{13.60}$$
と求まる．以上のように時間とともに振動する双極子が電磁波を生じることを**双極子放射**という．

式 (13.52) と (13.53) より，波動帯では $\boldsymbol{E} \cdot \boldsymbol{B} = 0$ であるので，電場と磁場は直交する．また，$\boldsymbol{E} \cdot \boldsymbol{r} = 0$ かつ $\boldsymbol{B} \cdot \boldsymbol{r} = 0$ なので，電場および磁場が進行方向と常に直交する横波であることがわかる．また，電場と磁場密度の大きさの比は $\frac{|\boldsymbol{E}|}{|\boldsymbol{B}|} = c$ であり，平面波の電磁波と同じである．

186　　第 13 章　電磁波の放射と散乱

次に，波動帯におけるエネルギーの流れを求めてみよう．エネルギーの流れの密度はポインティングベクトル

$$\boldsymbol{S} = \frac{1}{\mu_0} \boldsymbol{E} \times \boldsymbol{B}$$

で与えられる．$\boldsymbol{e}_\mathrm{N} \times \boldsymbol{e}_\mathrm{W} = \frac{\boldsymbol{r}}{r}$ を用いると

$$\boldsymbol{S} = \frac{p_0^2 \omega^4}{(4\pi)^2 \varepsilon_0 c^3} \sin^2 \theta \, \frac{1}{r^2} \frac{\boldsymbol{r}}{r} \cos^2 \omega t' \tag{13.61}$$

となる．ポインティングベクトルの向きは原点から観測点に向かう向きなので，エネルギーは双極子を中心に放射状に流れていく．また，双極子から放射されるエネルギーは，双極子が振動する方向の観測点では 0 であり，双極子の振動と垂直な方向で最大となる．これは，双極子が z 軸方向に電場を揺さぶるが，電磁波は横波なので揺さぶられた向きには進むことができないことを考えれば理解できる．ポインティングベクトルの時間平均をとると

$$\overline{\boldsymbol{S}} = \frac{p_0^2 \omega^4}{2(4\pi)^2 \varepsilon_0 c^3} \sin^2 \theta \, \frac{1}{r^2} \frac{\boldsymbol{r}}{r} \tag{13.62}$$

となる．ポインティングベクトルを半径 r の球面で積分すると，その球面全体を単位時間あたりに通過するエネルギーが得られる．これを求めると

$$\int_0^{2\pi} \int_0^{\pi} |\boldsymbol{S}| r^2 \sin \theta \, d\theta d\phi = \frac{p_0^2 \omega^4}{(4\pi)^2 \varepsilon_0 c^3} \cos^2 \omega t' \int_0^{2\pi} \int_0^{\pi} \sin^2 \theta \sin \theta \, d\theta d\phi$$

$$= \frac{p_0^2 \omega^4}{6\pi \varepsilon_0 c^3} \cos^2 \omega t' \tag{13.63}$$

となる．また，その時間平均は

$$\frac{p_0^2 \omega^4}{12\pi \varepsilon_0 c^3} \tag{13.64}$$

で与えられ，r に依存しない．このことは，半径が異なる 2 つの球で挟まれた空間に流れ込むエネルギーとそこから流れ出るエネルギーは常に等しく，放射されたエネルギーが空間に留まることなく光速 c で拡散していくことを意味する．そのため，単位時間あたりに式 (13.64) に相当するエネルギーを供給し続けないと，双極子の振動を維持することはできない．

13.5 電磁波の散乱

13.1 節で扱った原子模型を再び考えてみよう．このような原子に平面波の電磁波を照射すると，振動電場にゆさぶられて原子は振動する電気双極子としてふるまい，周囲に電磁波が放射される．結果的に見れば，この現象は直進してきた平面波の一部が球面波になって四方八方に広がっていく**散乱**現象とみなすことができる．散乱のされやすさを表す量を**散乱断面積**という．散乱断面積のうち**全断面積**とよばれる量 σ は

$$\sigma = \frac{\text{散乱波のエネルギーの流れ}}{\text{入射波の単位面積あたりのエネルギーの流れ}} \tag{13.65}$$

と定義される．この式から全断面積は面積の次元をもつことがわかるが，その意味を考えてみよう．例えば，単位面積をエネルギーの流れが通過すると，そのうちの一部が散乱される．これを単位面積のうちの一部に障害物があるために散乱されたと考えれば，σ はその障害物の断面積と解釈できる（図 13.5）．式 (12.29)より，電場の振幅が E_0 の平面波のポインティングベクトルの大きさの時間平均は

$$\overline{S_0} = \frac{E_0^2}{2\mu_0 c} \tag{13.66}$$

である．

　最初に復元力がない場合の原子模型を考えよう．このような自由電子による散乱を**トムソン散乱**という．振動電場の振幅を E_0，それにより発生する電気双極子の振幅を p_0 とすると，式 (13.2) で $\omega_0 = 0$ とおき $p_0 = -ex_0$ を用いると

$$p_0 = -\frac{e^2}{m\omega^2}\, E_0 \tag{13.67}$$

と求まる．この双極子が単位時間あたりに全空間に放射するエネルギーの平均は，式 (13.64) より

$$\frac{p_0^2 \omega^4}{12\pi\varepsilon_0 c^3} = \left(\frac{e^2}{m\omega^2}\, E_0\right)^2 \frac{\omega^4}{12\pi\varepsilon_0 c^3} \tag{13.68}$$

であるので，これを式 (13.66) で割った

第 13 章 電磁波の放射と散乱

$$\sigma_{\mathrm{T}} = \left(\frac{e^2}{m} E_0\right)^2 \frac{1}{12\pi\varepsilon_0 c^3} \times \frac{2c\mu_0}{E_0^2} = \frac{e^4}{6\pi\varepsilon_0^2 m^2 c^4} \tag{13.69}$$

がトムソン散乱の全断面積 σ_{T} である．σ_{T} は電磁波の振動数に依存しない．

復元力がある電荷による散乱を**レイリー散乱**という．復元力の係数（ばね定数）を $m\omega_0^2$ とすると式 (13.2) より

$$p_0 = -\frac{e^2}{m(\omega^2 - \omega_0^2)} E_0 \tag{13.70}$$

であるので，レイリー散乱の全断面積 σ_{R} は

$$\sigma_{\mathrm{R}} = \frac{\omega^4}{(\omega^2 - \omega_0^2)^2} \sigma_{\mathrm{T}} \tag{13.71}$$

である．例えば可視光を空気が散乱する場合には $\omega_0 \gg \omega$ が成り立つので

$$\sigma_{\mathrm{R}} \approx \frac{\omega^4}{\omega_0^4} \sigma_{\mathrm{T}} \tag{13.72}$$

となり，振動数の大きい光ほど（例えば赤色よりも青色の光の方が）散乱されやすい．空が青く見えるのはレイリー散乱のこのような性質から説明される．

全断面積はあらゆる方位への散乱に対する断面積であるが，ある特定の方位だけに限定した断面積を定義することができる．例えば，ある微小立体角 $d\Omega$ に含まれる方位への散乱に対する断面積は，$d\sigma = f(\Theta,\Phi)d\Omega$ と書くことができる．この $f(\Theta,\Phi)$ を**微分断面積**という（図 13.5）．微分断面積は $\frac{d\sigma}{d\Omega}$ と表されることも多い．ここで，Θ と Φ は散乱波の方位を表す角であり，Θ は入射波と散乱波のなす角，Φ は散乱波の方位のうち，入射波に垂直な成分の向きを表す角である．Θ および Φ を用いると微小立体角 $d\Omega$ は

$$d\Omega = \sin\Theta\, d\Theta d\Phi$$

と表すことができる．入射波に偏光がなく，散乱源に異方性がない場合には f は Φ に依存しない．微分断面積をあらゆる立体角について積分すると

$$\sigma = \iint f(\Theta,\Phi)\, d\Omega = \int_0^{2\pi}\int_0^{\pi} f(\Theta,\Phi)\sin\Theta\, d\Theta d\Phi \tag{13.73}$$

のように全断面積が得られる．

13.5 電磁波の散乱　　　　　　　　　　　　　　　　　　　　189

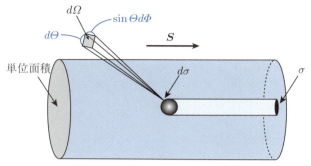

図 13.5　散乱断面積の概念図．

例題 13.3

トムソン散乱の微分断面積を計算しなさい．ただし，入射波にはあらゆる方向の偏光が混ざっているとする．

【解答】　自由電子が原点にあり，入射波は x 軸の正の向きに進んでいるとする．入射波の電場が z 軸方向の成分のみをもつとすると，双極子が発生する電磁波のポインティングベクトルの大きさの時間平均は，式 (13.62) により

$$\overline{S} = \frac{p_0^2 \omega^4}{2(4\pi)^2 \varepsilon_0 c^3} \sin^2\theta \frac{1}{r^2} \tag{13.74}$$

である．これは双極子から距離 r 離れた単位面積を通過するエネルギーの流れである．単位面積ではなく単位立体角を通過するエネルギーの流れを求めるには距離を 1 とすればよい．さらにこれを入射波のポインティングベクトルの平均値（式 (13.66)）で割ると微分断面積が

$$\frac{d\sigma_\mathrm{T}}{d\Omega} = \left(\frac{e^2}{4\pi\varepsilon_0 mc^2}\right)^2 \sin^2\theta \tag{13.75}$$

と求まる．散乱波の向きを表す単位ベクトルを $(\cos\Theta, \sin\Theta\sin\Phi, \sin\Theta\cos\Phi)$ とすると $\cos\theta = \sin\Theta\cos\Phi$ であるので，

$$\frac{d\sigma_\mathrm{T}}{d\Omega} = \left(\frac{e^2}{4\pi\varepsilon_0 mc^2}\right)^2 (1 - \sin^2\Theta\cos^2\Phi) \tag{13.76}$$

である．入射光はさまざまな方向の偏光が混ざっているので，上式を Φ について平均した

$$\frac{d\sigma_\mathrm{T}}{d\Omega} = \left(\frac{e^2}{4\pi\varepsilon_0 mc^2}\right)^2 \frac{1}{2\pi} \int_0^{2\pi} (1 - \sin^2\Theta \cos^2\Phi)\, d\Phi$$
$$= \frac{1}{2}(1 + \cos^2\Theta)\left(\frac{e^2}{4\pi\varepsilon_0 mc^2}\right)^2 \tag{13.77}$$

がトムソン散乱の微分断面積である．これは直角方向への散乱が最も起きにくいことを示す．

レイリー散乱の微分断面積は
$$\frac{d\sigma_\mathrm{R}}{d\Omega} = \frac{\omega^4}{(\omega^2 - \omega_0^2)^2} \frac{d\sigma_\mathrm{T}}{d\Omega} \tag{13.78}$$

により求めることができる．

13章の問題

□ **13.1** 双極子の振動がゆっくり（$\omega \to 0$）の場合，式 (13.48) および式 (13.51) の主要な項が何を意味するのかを考えなさい．

□ **13.2** 式 (13.77) の微分断面積を式 (13.73) に従って積分し，全断面積を求めなさい．

□ **13.3** 屈折率 n の球状物質に光が入射角 α で侵入し，内部で 1 回反射した後，再び外部に出ていった．入射光と反射光のなす角 θ を図 13.6 のように定義する．以下の問いに答えなさい．

(1) θ を α の関数として表しなさい．

(2) 同じ向きの光が同時に球に入射した場合，入射する位置により α は異なるため，θ はさまざまな値をとる．しかし，α が変化しても θ がほとんど変化しない場合には，その条件を満たす θ への反射が特に強められる．この角度を求めなさい．これを θ_0 とする．

(3) 赤色，紫色の光に対する水の屈折率をそれぞれ 1.33，1.34 とする．それぞれの光について θ_0 を計算しなさい．その結果を利用して，虹がなぜ現れるかを説明しなさい．

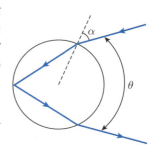

図 13.6 球状物質による光の反射．

14 相対性理論と電磁気学

　互いに等速直線運動しているどの観測者から見ても物理法則は同じように書ける，ということがニュートン力学の結論だった．これをそのまま電磁気学に当てはめると，観測者によって光速がそれぞれ異なることになってしまう．しかし精密な測定によれば，観測者によらず真空中の光速は一定であることがわかった．この矛盾を解決するためにアインシュタインは，時間と空間に対する理解を大胆に変え，相対性理論を誕生させた．それにより，ニュートン力学は大幅な修正を余儀なくされた．一方で，マクスウェルの方程式は相対性理論と全く矛盾しないことがわかった．つまりマクスウェルの方程式は相対性理論を先取りしていたのである．

　静止している観測者からと運動している観測者からとでは，電場や磁場は異なって見える．これは相対性理論を用いると自然に理解することができる．

14章で学ぶ概念・キーワード
- 慣性系，ガリレイ変換
- 光速不変の原理
- ローレンツ変換
- 4元ベクトル
- ローレンツ不変量
- 電磁場のローレンツ変換

14.1 ガリレイ変換

同じ物体の運動は，静止している人と運動している人からはどのように違って見えるだろうか．図 14.1 のように静止している人に対して固定されている座標系を xyz 系，それに対して x 軸方向に速度 v で等速直線運動している人に固定された座標系を $x'y'z'$ 系とよぶことにし，これらの座標系は $t=0$ の瞬間に一致するとしよう．同じ物体の位置を xyz 系で表した場合の座標を (x,y,z)，$x'y'z'$ 系で表した場合の座標を (x',y',z') とすると，両者の間には

$$\begin{cases} x' = x - vt \\ y' = y \\ z' = z \end{cases} \tag{14.1}$$

という関係がある．これを**ガリレイ変換**という．この式より，物体の運動は座標系により違って見えることがわかる．

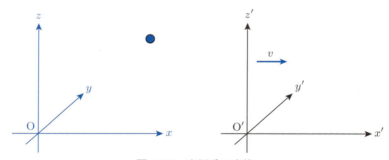

図 14.1 座標系の変換.

それでは座標系が変わると物理法則も変わってしまうのだろうか．xyz 系の人にとっては，ニュートンの運動方程式

$$m \frac{d^2}{dt^2} \boldsymbol{r} = \boldsymbol{F} \tag{14.2}$$

が成り立つ．ここで，$\boldsymbol{r} = (x,y,z)$，$\boldsymbol{F} = (F_x, F_y, F_z)$ とした．これを用いて $x'y'z'$ 系の人から見た物理法則を書いてみると，

14.1 ガリレイ変換 **193**

$$\frac{d^2x'}{dt^2} = \frac{d^2x}{dt^2}, \quad \frac{d^2y'}{dt^2} = \frac{d^2y}{dt^2}, \quad \frac{d^2z'}{dt^2} = \frac{d^2z}{dt^2} \tag{14.3}$$

なので，異なる座標系から見ても力は変わらないとすると

$$\frac{d^2}{dt^2}\, \boldsymbol{r}' = \boldsymbol{F} \tag{14.4}$$

と書くことができる．ここで $\boldsymbol{r}' = (x', y', z')$ とした．このように，静止している（と思われる）座標系に対して等速直線運動している座標系（これらを**慣性系**という）では，ニュートンの運動方程式は全く同じように書くことができる．その点においては，どの慣性系も平等であり，絶対に静止していると言い切れる特別な慣性系（**絶対静止系**）はない．

電磁気学の現象を異なる慣性系で眺めるとどうなるだろうか．例えば，xyz 座標系で電磁波が真空中を x 軸方向に進んでいるとする．この電磁波の電場は $\boldsymbol{E}_0 e^{i(kx-\omega t)}$ と書け，波の速さ $\frac{\omega}{k}$ は光速 c である．ガリレイ変換の式 (14.1) によれば，これを $x'y'z'$ 系で眺めると $\boldsymbol{E}_0 e^{i\{k(x'+vt)-\omega t\}}$ であり，波の速さは $c-v$ となるはずである．つまり，電磁波の速さが光速 c のように見える xyz 系は非常に特別な座標系といえる．それでは，xyz 座標系ではなぜ電磁波の速さが $c = 2.99792458 \times 10^8$ m/s なのだろうか．それは $c = \frac{1}{\sqrt{\varepsilon_0 \mu_0}}$ で関連付けられる真空の誘電率と真空の透磁率がそれぞれ $\varepsilon_0 = 8.8541878 \times 10^{-12}$ C^2 N^{-1} m^{-2}，$\mu_0 = 4\pi \times 10^{-7}$ H/m であるからである．ガリレイ変換を認めるなら，異なる慣性系ではこれらの物理定数も変わらなくてはならない．19 世紀以前には，電磁波を伝える媒質（エーテル）があると考えられていた．それを認めるなら，xyz 系とはエーテルに対して静止している特別な慣性系であり，電磁波の速度とはエーテルに対する速度ということになる．この考えに基づくと，ニュートン力学で否定された絶対静止系が電磁気学では復活することになる．

14.2 光速不変の原理

以上のように，異なる慣性系どうしがガリレイ変換で結ばれるなら，c はエーテルに対して静止している人から見た光（電磁波）の速さであり，運動している人から見ると違う速さになるはずである．ただ，光速があまりに大きいので，私たちがそれに気づかないだけなのかもしれない．そこで，マイケルソン（1852–1931）とモーリー（1838–1923）は 1887 年，地球がエーテルに対してどのような速度で動いているかを精密に観測することを試みた．地球がエーテルに対して動いているなら，光が鏡に反射して戻ってくるまでの時間は光の向きによって異なるはずである．しかし観測によれば，光の速さはどの向きに対しても c であることがわかった．これを地球がエーテルに対して静止していることが立証された，と解釈できないことはない．しかし，地球は少なくとも太陽に対して 3×10^5 m/s の速さで運動している．天動説が否定されているのに，地球だけがエーテルに対して静止していると考えるのは非常に不自然である．そこで，光の速さはどのような慣性系でも全く同じであると考えざるをえない．これを**光速不変の原理**という．図 14.2 はそれぞれエーテル仮説と光速不変の原理に基づき，$t'x'y'z'$ 系で電磁波の広がるようすを描いたものである．

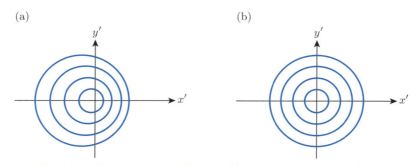

図 14.2 運動している座標系から見た電磁波の広がるようす．(a) エーテル仮説に基づいた場合．(b) 光速不変の原理に基づいた場合．

14.3 ローレンツ変換

光速不変の原理は明らかにガリレイ変換と矛盾する．なぜなら，xyz 系の観測者からは光が x 軸方向に速度 c で進んでいるように見えたとすると，$x'y'z'$ 系の観測者からは光の速度は $c-v$ でなければならないからである．特に断らなかったが，ガリレイ変換では xyz 系でも $x'y'z'$ 系でも時刻 t は共通であるという前提に立っている．アインシュタイン（1879–1955）は，この前提を疑ってみた．そして，時刻も慣性系ごとに異なるという仮説を立てることにより，光速不変の原理と矛盾しない理論をつくった．これを**特殊相対性理論**という．アインシュタインは，ガリレイ変換の代わりに以下のような変換を仮定してみた．

$$\begin{cases} t' = \beta t + \alpha x \\ x' = \delta t + \gamma x \\ y' = y \\ z' = z \end{cases} \tag{14.5}$$

つまり，異なる座標系では時間の流れも異なると考えるのである．$t'x'y'z'$ の原点は $txyz$ 系に対しては速度 v で x 軸方向に運動しており，時刻が $t=0$ の瞬間に両者の原点は一致する．$t'x'y'z'$ で眺めて $x'=0$ の点は $txyz$ 系では $x=vt$ を満たす点なので，$\delta + \gamma v = 0$ すなわち $\delta = -\gamma v$ である．y, z に関しては省略し，行列により変換を表すと

$$\begin{pmatrix} t' \\ x' \end{pmatrix} = \begin{pmatrix} \beta & \alpha \\ -\gamma v & \gamma \end{pmatrix} \begin{pmatrix} t \\ x \end{pmatrix} \tag{14.6}$$

と書ける．一方，$t'x'$ 系から見た tx 系は，速度 $-v$ で x' 軸方向に運動しているとみなせる．つまり時間を反転させれば $t'x'$ 系と tx 系の役割が入れ替わるので

$$\begin{pmatrix} -t \\ x \end{pmatrix} = \begin{pmatrix} \beta & \alpha \\ -\gamma v & \gamma \end{pmatrix} \begin{pmatrix} -t' \\ x' \end{pmatrix} \tag{14.7}$$

すなわち

196　　第 14 章　相対性理論と電磁気学

$$\begin{pmatrix} t \\ x \end{pmatrix} = \begin{pmatrix} \beta & -\alpha \\ \gamma v & \gamma \end{pmatrix} \begin{pmatrix} t' \\ x' \end{pmatrix} \tag{14.8}$$

となる．変換と逆変換を順次施すと元に戻らなくてはならないので

$$\begin{pmatrix} \beta & -\alpha \\ \gamma v & \gamma \end{pmatrix} \begin{pmatrix} \beta & \alpha \\ -\gamma v & \gamma \end{pmatrix} = \begin{pmatrix} 1 & 0 \\ 0 & 1 \end{pmatrix} \tag{14.9}$$

である．これより

$$\beta = \gamma \tag{14.10}$$

および

$$\alpha \gamma v + \gamma^2 = 1 \tag{14.11}$$

が導かれる．未知数 α, γ を決定するには，光速不変の原理を用いる．時刻 $t = 0$ に原点から x 軸方向に発射された光の先端は，tx 座標系では，

$$\begin{pmatrix} t \\ x \end{pmatrix} = \begin{pmatrix} t \\ ct \end{pmatrix} \tag{14.12}$$

と書け，$t'x'$ 座標系では

$$\begin{pmatrix} t' \\ x' \end{pmatrix} = \begin{pmatrix} \gamma & \alpha \\ -\gamma v & \gamma \end{pmatrix} \begin{pmatrix} t \\ ct \end{pmatrix} \tag{14.13}$$

と書ける．光速不変の原理により，x' を t' で割ったものは c に等しくなければならないので

$$\frac{\gamma(c - v)}{\gamma + \alpha c} = c \tag{14.14}$$

であり，

$$\alpha = -\frac{v}{c^2}\gamma \tag{14.15}$$

が得られる．これを式 (14.11) に代入すると

$$\gamma = \frac{1}{\sqrt{1 - (\frac{v}{c})^2}} \tag{14.16}$$

となり，全ての未知数が決定された．以上を整理し，さらに他の成分についても書くと，

$$\begin{cases} t' = \gamma t - \dfrac{v}{c^2}\gamma x \\ x' = -\gamma vt + \gamma x \\ y' = y \\ z' = z \end{cases} \tag{14.17}$$

となる．これを**ローレンツ変換**という．この式で $\frac{v}{c} \approx 0$ とすると，ガリレイ変換の式 (14.1) に行きつく．つまり，光速に比べてじゅうぶん遅く運動している観測者にとっては，ガリレイ変換は近似的には正しい．ガリレイ変換とローレンツ変換の違いを図 14.3 に示す．ガリレイ変換の場合は同時に起こった現象は異なる座標系から見ても同時に起こったことになるが，ローレンツ変換の場合はそうではない．

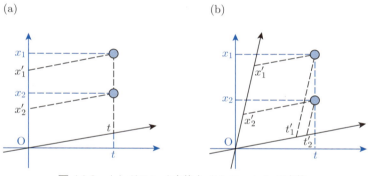

図 14.3 (a) ガリレイ変換と (b) ローレンツ変換．

198　　　第 14 章　相対性理論と電磁気学

例題 14.1

$$-(ct')^2 + x'^2 + y'^2 + z'^2 = -(ct)^2 + x^2 + y^2 + z^2$$

が成り立つことを示しなさい.

【解答】 式 (14.17) を用いると

$$
\begin{aligned}
-(ct')^2 + x'^2 + y'^2 + z'^2 &= -\gamma^2(ct)^2 - \left(\frac{v}{c}\right)^2 \gamma^2 x^2 - 2v\gamma^2 tx \\
&\quad + v^2\gamma^2 t^2 + \gamma^2 x^2 + 2v\gamma^2 tx + y^2 + z^2 \\
&= -(ct)^2 + x^2 + y^2 + z^2 \qquad\qquad (14.18)
\end{aligned}
$$

が示される. これは

$$-(ct)^2 + x^2 + y^2 + z^2 \qquad\qquad\qquad (14.19)$$

という量がローレンツ変換で値を変えないことを意味する. このような量を**ローレンツ不変量**という. ∎

　ニュートンの運動方程式 (14.2) をローレンツ変換すると元の式とは同じ形に書けないので, 光速不変の原理を認めるならニュートン力学の運動量やエネルギーの定義をそのまま用いることはあきらめなくてはならない. そこで, ローレンツ変換と矛盾しないようにニュートン力学を改良してみよう. 次節はそのための数学的準備である.

14.4 共変ベクトルと反変ベクトル

ローレンツ変換は対称行列

$$
\mathbf{L} = \begin{pmatrix} \gamma & -\frac{v}{c}\gamma & 0 & 0 \\ -\frac{v}{c}\gamma & \gamma & 0 & 0 \\ 0 & 0 & 1 & 0 \\ 0 & 0 & 0 & 1 \end{pmatrix} \tag{14.20}
$$

を用いて

$$
\begin{pmatrix} ct' \\ x' \\ y' \\ z' \end{pmatrix} = \mathbf{L} \begin{pmatrix} ct \\ x \\ y \\ z \end{pmatrix} \tag{14.21}
$$

のように表すこともできる. 一般に (ct, x, y, z) に限らず

$$
\begin{pmatrix} A'^0 \\ A'^1 \\ A'^2 \\ A'^3 \end{pmatrix} = \mathbf{L} \begin{pmatrix} A^0 \\ A^1 \\ A^2 \\ A^3 \end{pmatrix} \tag{14.22}
$$

のように変換される 4 成分のベクトル (A^0, A^1, A^2, A^3) を**共変ベクトル**という. ここで A の肩に書いた数字は成分を区別する番号であり，べき乗の意味ではない（今後，誤解を招かない場合に限りこのような表記を用いる）. $\mathbf{L}$ は対称行列なので，共変ベクトルのローレンツ変換は横長のベクトルを用いて

$$
(A'^0, A'^1, A'^2, A'^3) = (A^0, A^1, A^2, A^3)\mathbf{L} \tag{14.23}
$$

と表すこともできる.

行列 $\mathbf{L}$ は

$$
\mathbf{L} \begin{pmatrix} -1 & 0 & 0 & 0 \\ 0 & 1 & 0 & 0 \\ 0 & 0 & 1 & 0 \\ 0 & 0 & 0 & 1 \end{pmatrix} \mathbf{L} = \begin{pmatrix} -1 & 0 & 0 & 0 \\ 0 & 1 & 0 & 0 \\ 0 & 0 & 1 & 0 \\ 0 & 0 & 0 & 1 \end{pmatrix} \tag{14.24}
$$

を満たす（各自試みよ）. (B^0, B^1, B^2, B^3) も共変ベクトルとし，そのローレンツ変換を (B'^0, B'^1, B'^2, B'^3) とすると

$$-A'^0 B'^0 + A'^1 B'^1 + A'^2 B'^2 + A'^3 B'^3$$

$$= (A'^0, A'^1, A'^2, A'^3) \begin{pmatrix} -1 & 0 & 0 & 0 \\ 0 & 1 & 0 & 0 \\ 0 & 0 & 1 & 0 \\ 0 & 0 & 0 & 1 \end{pmatrix} \begin{pmatrix} B'^0 \\ B'^1 \\ B'^2 \\ B'^3 \end{pmatrix}$$

$$= (A^0, A^1, A^2, A^3) \mathbf{L} \begin{pmatrix} -1 & 0 & 0 & 0 \\ 0 & 1 & 0 & 0 \\ 0 & 0 & 1 & 0 \\ 0 & 0 & 0 & 1 \end{pmatrix} \mathbf{L} \begin{pmatrix} B^0 \\ B^1 \\ B^2 \\ B^3 \end{pmatrix}$$

$$= -A^0 B^0 + A^1 B^1 + A^2 B^2 + A^3 B^3 \tag{14.25}$$

が成り立つ. つまり $-A^0 B^0 + A^1 B^1 + A^2 B^2 + A^3 B^3$ はローレンツ不変量である. 式 (14.19) の $-(ct)^2 + x^2 + y^2 + z^2$ はその一例といってよい.

次に, 共変ベクトルとは異なるルールで変換される 4 元ベクトルについて説明する. 簡単のために, $x_0 = ct$, $x_1 = x$, $x_2 = y$, $x_3 = z$ と表すことにしよう. このとき, 微分演算子の組

$$\left(\frac{\partial}{\partial x_0}, \frac{\partial}{\partial x_1}, \frac{\partial}{\partial x_2}, \frac{\partial}{\partial x_3} \right) \tag{14.26}$$

がローレンツ変換でどのように変換されるかを考えてみよう. 偏微分の一般論から座標変換 $x'_j = x'_j(x_0, x_1, x_2, x_3)$ $(j = 0, 1, 2, 3)$ に対して

$$\frac{\partial}{\partial x_i} = \sum_{j=0}^{3} \frac{\partial x'_j}{\partial x_i} \frac{\partial}{\partial x'_j} \tag{14.27}$$

が成り立つ. ここで, ローレンツ変換の逆変換が $\mathbf{L}$ の逆行列を用いて

$$\begin{pmatrix} x_0 \\ x_1 \\ x_2 \\ x_3 \end{pmatrix} = \mathbf{L}^{-1} \begin{pmatrix} x'_0 \\ x'_1 \\ x'_2 \\ x'_3 \end{pmatrix} \tag{14.28}$$

と書けることを用いると,

$$(\mathbf{L}^{-1})_{i,j} = \frac{\partial x'_j}{\partial x_i} \tag{14.29}$$

14.4 共変ベクトルと反変ベクトル

であるので，

$$
\begin{pmatrix} \frac{\partial}{\partial x_0'} \\ \frac{\partial}{\partial x_1'} \\ \frac{\partial}{\partial x_2'} \\ \frac{\partial}{\partial x_3'} \end{pmatrix} = \mathbf{L}^{-1} \begin{pmatrix} \frac{\partial}{\partial x_0} \\ \frac{\partial}{\partial x_1} \\ \frac{\partial}{\partial x_2} \\ \frac{\partial}{\partial x_3} \end{pmatrix} \tag{14.30}
$$

となる．この例のように，$txyz$ 系での 4 成分のベクトル (A_0, A_1, A_2, A_3) がローレンツ変換により $t'x'y'z'$ 系での 4 成分のベクトル (A_0', A_1', A_2', A_3') に変換され，両者の間に

$$
\begin{pmatrix} A_0' \\ A_1' \\ A_2' \\ A_3' \end{pmatrix} = \mathbf{L}^{-1} \begin{pmatrix} A_0 \\ A_1 \\ A_2 \\ A_3 \end{pmatrix} \tag{14.31}
$$

が成り立つ場合，(A_0, A_1, A_2, A_3) を**反変ベクトル**という．上に述べた演算子

$$
\left(\frac{\partial}{\partial x_0}, \frac{\partial}{\partial x_1}, \frac{\partial}{\partial x_2}, \frac{\partial}{\partial x_3} \right) \tag{14.32}
$$

は典型的な反変ベクトルである．

共変ベクトルの場合と同様の考察により，2 つの反変ベクトル (A_0, A_1, A_2, A_3) と (B_0, B_1, B_2, B_3) があるとき

$$
-A_0 B_0 + A_1 B_1 + A_2 B_2 + A_3 B_3 \tag{14.33}
$$

がローレンツ不変量であることが容易に示される．さらに，共変ベクトル (A^0, A^1, A^2, A^3) と反変ベクトル (B_0, B_1, B_2, B_3) の内積

$$
A^0 B_0 + A^1 B_1 + A^2 B_2 + A^3 B_3 \tag{14.34}
$$

もローレンツ不変量である．このことは以下に容易に証明される．

$$
A'^0 B_0' + A'^1 B_1' + A'^2 B_2' + A'^3 B_3'
$$

$$
= (A'^0, A'^1, A'^2, A'^3) \begin{pmatrix} B_0' \\ B_1' \\ B_2' \\ B_3' \end{pmatrix}
$$

$$= (A^0, A^1, A^2, A^3) \mathbf{L}\mathbf{L}^{-1} \begin{pmatrix} B_0 \\ B_1 \\ B_2 \\ B_3 \end{pmatrix}$$

$$= A^0 B_0 + A^1 B_1 + A^2 B_2 + A^3 B_3 \tag{14.35}$$

以上に示した共変ベクトルと反変ベクトルを合わせて **4元ベクトル**という．

▶ 時計の遅れ

$txyz$ 系の $x = 0$ の位置に，時間 Δt ごとに信号を発する時計があったとする．ローレンツ変換の式 (14.17) によれば $txyz$ 系で $t = 0, \Delta t$ に発せられた信号は $t'x'y'z'$ 系ではそれぞれ $t' = 0, \gamma \Delta t$ に発せられたように見える．つまり $t'x'y'z'$ 系から見ると時間の刻みは $\gamma \Delta t$ なので，γ 倍だけ時計がゆっくり進んでいるように見える．

この現象を理解するために，次のような状況を考えてみよう．$txyz$ 系で互いに距離 L 離れるように向かい合わせに鏡をおく．2 枚の鏡の間で光が何度も反射し続ける状況を作ると，これを時計として利用できる．光が 1 往復する時間を Δt とすると，$\Delta t = \frac{2L}{c}$ である．この状況を光路に垂直に速さ v で運動する $t'x'y'z'$ 系から眺めると，光はジグザグの経路を進んでいることになる．その際，一方の鏡から発せられた光が他方の鏡に反射されて戻ってくるまでの時間を $\Delta t'$ とすると，図より $c\Delta t' = \sqrt{(2L)^2 + (v\Delta t')^2}$ である．これを $\Delta t'$ について解くと $\Delta t' = \frac{2L}{\sqrt{c^2 - v^2}} = \gamma \Delta t$ が得られる．

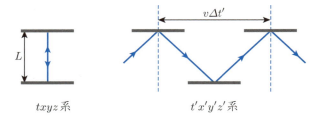

14.5 ニュートン力学の改良と4元運動量

ローレンツ変換でも変わらない形で運動の法則が書けるようにニュートン力学を改良してみよう．そのために，まずはエネルギーと運動量の関係を整理してみる．物体に仕事をするとエネルギーは増加する．これをエネルギー E，力 $\boldsymbol{F}$，変位 $d\boldsymbol{r}$ を用いて表すと

$$dE = \boldsymbol{F} \cdot d\boldsymbol{r} \tag{14.36}$$

となる．運動量を $\boldsymbol{p}$ とすると，運動方程式より

$$\boldsymbol{F} = \frac{d\boldsymbol{p}}{dt} \tag{14.37}$$

である．これを式 (14.36) に代入して整理すると，

$$-dE\,dt + d\boldsymbol{p} \cdot d\boldsymbol{r} = 0 \tag{14.38}$$

となる．もしここで従来のようにエネルギーを $E = \frac{p^2}{2m}$ とすると，この関係はローレンツ変換で崩れてしまう．そこで，ローレンツ変換後のエネルギー変化を dE'，運動量変化を $d\boldsymbol{p}'$ と表したときに，

$$-dE'\,dt' + d\boldsymbol{p}' \cdot d\boldsymbol{r}' = -dE\,dt + d\boldsymbol{p} \cdot d\boldsymbol{r} \tag{14.39}$$

が成り立つようにエネルギーと運動量の関係を定義し直すことを試みる．こうすれば，少なくとも式 (14.36) や式 (14.37) をローレンツ変換後も同じ形式で書けるからである．式 (14.39) は

$$-dE\,dt + dp_x\,dx + dp_y\,dy + dp_z\,dz \tag{14.40}$$

がローレンツ不変量であることを要請するが，式 (14.25) によりこれは $(\frac{dE}{c}, dp_x, dp_y, dp_z)$ が共変ベクトルとしての性質をもつべきであることを意味する．さらに微小変化量だけでなく，$(\frac{E}{c}, p_x, p_y, p_z)$ も共変ベクトルであると考えてみる．これを **4元運動量** とよぶ．これは，異なる慣性系で眺めると，運動量だと思っていたものがエネルギー（を光速で割ったもの）のように見えることがありうることを意味する．4元運動量の4元ベクトルとしての性質から，$|\boldsymbol{p}| = p$ とすると

204　　　　第 14 章　相対性理論と電磁気学

$$E^2 - c^2 p^2 \tag{14.41}$$

はローレンツ不変量でなくてはならない. この値を E_0^2 としよう. 物体が静止している慣性系で運動量は 0 なので, E_0 はその座標系における物体のエネルギーという意味をもつ. そこで E_0 を**静止エネルギー**とよぶ.

　物体の速度が光速より十分遅い場合は従来の力学が成り立つはずなので, p が小さい場合には

$$E \approx E_0 + \frac{p^2}{2m} \tag{14.42}$$

と書けるはずである. $c^2 p^2 \ll E_0$ としてテイラー展開を用いると

$$E = \sqrt{E_0 + c^2 p^2} \approx E_0 \left(1 + \frac{1}{2} \frac{c^2 p^2}{E_0} \right) \tag{14.43}$$

となる. 式 (14.42) と式 (14.43) を比較することにより

$$E_0 = mc^2 \tag{14.44}$$

が得られる. これは, 物体は質量があるだけですでにエネルギー mc^2 をもっていることを意味する. エネルギー保存の法則を適用すれば, もし物質が消滅して質量がなくなると, 静止エネルギーが他のエネルギー（例えば熱など）に変化して, 莫大なエネルギーが発生することになる. 原子力発電で大きなエネルギーが得られるのは, 核反応で質量が失われるからである. ただ, 身近な物体の運動では質量が変化することはないので, 静止エネルギーの存在を意識することはない.

14.6 電磁気学におけるローレンツ変換

電磁気学における物理量がローレンツ変換によりどのように変換されるかを考えてみよう．まず，式 (9.16) で与えられる電荷保存則，すなわち電流密度 $\boldsymbol{i} = (i_x, i_y, i_z)$ として

$$\frac{\partial \rho}{\partial t} + \frac{\partial i_x}{\partial x} + \frac{\partial i_y}{\partial y} + \frac{\partial i_z}{\partial z} = 0 \tag{14.45}$$

を眺めると，左辺は反変ベクトル

$$\left(\frac{1}{c}\frac{\partial}{\partial t}, \frac{\partial}{\partial x}, \frac{\partial}{\partial y}, \frac{\partial}{\partial z} \right) \tag{14.46}$$

と，ベクトル

$$(c\rho, i_x, i_y, i_z) \tag{14.47}$$

の内積とみなすことができる．電荷保存則はどの慣性系でも成り立つと考えるのが自然なので，この内積はローレンツ不変量でなくてはならない．これはベクトル $(c\rho, i_x, i_y, i_z)$ が共変ベクトルであることを意味する．このベクトルを **4元電流密度** という．

次に式 (9.43) で与えられるローレンツゲージの定義式

$$\operatorname{div} \boldsymbol{A} + \frac{1}{c^2}\frac{\partial \phi}{\partial t} = 0 \tag{14.48}$$

すなわち $\boldsymbol{A} = (A_x, A_y, A_z)$ として

$$\frac{1}{c^2}\frac{\partial \phi}{\partial t} + \frac{\partial A_x}{\partial x} + \frac{\partial A_y}{\partial y} + \frac{\partial A_z}{\partial z} = 0 \tag{14.49}$$

を見ると，左辺は式 (14.46) の反変ベクトルと

$$\left(\frac{\phi}{c}, A_x, A_y, A_z \right) \tag{14.50}$$

の内積とみなすことができる．これは，電位とベクトルポテンシャルを合わせた $(\frac{\phi}{c}, A_x, A_y, A_z)$ が共変ベクトルとして一斉にローレンツ変換されることを意味する．このベクトルを **電磁ポテンシャル** という．

206　　　　　　第 14 章　相対性理論と電磁気学

式 (9.53) に示したローレンツゲージによるマクスウェルの方程式は，4 元ベクトルを用いて

$$
\left(-\frac{1}{c^2}\frac{\partial^2}{\partial t^2} + \frac{\partial^2}{\partial x^2} + \frac{\partial^2}{\partial y^2} + \frac{\partial^2}{\partial z^2} \right)
\begin{pmatrix} \frac{\phi}{c} \\ A_x \\ A_y \\ A_z \end{pmatrix}
= -\mu_0
\begin{pmatrix} c\rho \\ i_x \\ i_y \\ i_z \end{pmatrix}
\tag{14.51}
$$

とまとめることができる．ここで演算子

$$
-\frac{1}{c^2}\frac{\partial^2}{\partial t^2} + \frac{\partial^2}{\partial x^2} + \frac{\partial^2}{\partial y^2} + \frac{\partial^2}{\partial z^2}
\tag{14.52}
$$

は式 (14.33) の反変ベクトルの性質からローレンツ不変量であるので，式 (14.51) にローレンツ変換を施したものは，

$$
\left(-\frac{1}{c^2}\frac{\partial^2}{\partial t'^2} + \frac{\partial^2}{\partial x'^2} + \frac{\partial^2}{\partial y'^2} + \frac{\partial^2}{\partial z'^2} \right)
\begin{pmatrix} \frac{\phi'}{c} \\ A'_{x'} \\ A'_{y'} \\ A'_{z'} \end{pmatrix}
= -\mu_0
\begin{pmatrix} c\rho' \\ i'_{x'} \\ i'_{y'} \\ i'_{z'} \end{pmatrix}
$$

$$\tag{14.53}$$

と変換され，式の形を全く変えない．つまり，マクスウェルの方程式はどのような慣性系でも同じ形に書ける．この式から導かれる電磁波の速さはもちろんどの慣性系でも c であり，光速不変の原理と矛盾しない．つまり，マクスウェルの方程式には相対性理論が最初から取り込まれていたのである．

14.7 電磁場のローレンツ変換

電磁ポテンシャルは4元ベクトルとしてローレンツ変換される．一方，電場や磁場は電磁ポテンシャルを用いて式 (9.55) および式 (9.56) のように表されるので，異なる慣性系からは電場や磁場が違って見えることになる．以下に具体的に考察してみよう．$t'x'y'z'$ 系から見た電磁場は

$$\boldsymbol{E}' = -\frac{\partial \boldsymbol{A}'}{\partial t'} - \nabla' \phi' \tag{14.54}$$

$$\boldsymbol{B}' = \text{rot}' \, \boldsymbol{A} \tag{14.55}$$

である．ここで ∇' や rot' はそれぞれ変数 x', y', z' に関する微分を表す．$(\frac{\phi}{c}, A_x, A_y, A_z)$ は共変ベクトルとしてふるまうので式 (14.22) より

$$\phi' = \gamma \phi - \gamma v A_x \tag{14.56}$$

$$A'_x = -\frac{\gamma v}{c^2} \phi + \gamma A_x \tag{14.57}$$

$$A'_y = A_y \tag{14.58}$$

$$A'_z = A_z \tag{14.59}$$

である．微分演算子は反変ベクトルであり，式 (14.31) を満たすことを用いると，例えば

$$\frac{\partial \phi'}{\partial x'} = \left(\frac{\gamma v}{c^2} \frac{\partial}{\partial t} + \gamma \frac{\partial}{\partial x} \right) (\gamma \phi - \gamma v A_x) \tag{14.60}$$

や

$$\frac{\partial A'_x}{\partial t'} = \left(\gamma \frac{\partial}{\partial t} + \gamma v \frac{\partial}{\partial x} \right) \left(-\frac{\gamma v}{c^2} \phi + \gamma v A_x \right) \tag{14.61}$$

などが示される．これらを用いて計算すると（演習問題 14.3），

$$E'_x = E_x \tag{14.62}$$

$$E'_y = \gamma(E_y - v B_z) \tag{14.63}$$

$$E'_z = \gamma(E_z + v B_y) \tag{14.64}$$

および

208　　　　　　　　第 14 章　相対性理論と電磁気学

$$B'_x = B_x \tag{14.65}$$

$$B'_y = \gamma \left(B_y + \frac{v}{c^2} E_z \right) \tag{14.66}$$

$$B'_z = \gamma \left(B_z - \frac{v}{c^2} E_y \right) \tag{14.67}$$

が得られる．運動が遅い場合 $|v| \ll c$ の極限（$\gamma \to 1$）をとると

$$E' \approx E + v \times B \tag{14.68}$$

$$B' \approx B \tag{14.69}$$

となる．これはたとえ運動が遅い場合であっても，異なる慣性系では電場や磁場が違って見えることを意味する．

例題 14.2

y 軸方向に大きさ E の電場，z 軸方向に大きさ B の磁束密度が存在している場合の電荷 q の運動は

$$x = -r \cos(\omega t + \alpha) + \frac{E}{B} t + x_0 \tag{14.70}$$

$$y = r \sin(\omega t + \alpha) + y_0 \tag{14.71}$$

と記述できることを 7 章の例題 7.3 により学んだ．この運動は速度 $\frac{E}{B}$ で x 方向に運動する座標系から眺めると等速円運動である．その理由をローレンツ変換の立場から説明しなさい．ただし $\frac{|E|}{|B|} \ll c$ とする．

【解答】　もとの座標系を $txyz$ 系，それに対して x 軸方向に速度 v で運動している座標系を $t'x'y'z'$ 系とする．このとき $|v| \ll c$ なら式 (14.68) により

$$E'_x \approx E - vB \tag{14.72}$$

$$B'_z \approx B \tag{14.73}$$

となり，電場の x 成分は座標系によって異なって見える．もし $v = \frac{E}{B}$ とすると $t'x'y'z'$ 系では電場は消え，z' 軸方向に大きさ B の磁場のみが存在する．その場合には電荷 q は

$$x' = -r \cos(\omega t + \alpha) + x_0 \tag{14.74}$$

$$y' = y = r \sin(\omega t + \alpha) + y_0 \tag{14.75}$$

のように等速円運動する（図 14.4）．ここで座標変換 $x' = x - vt$ より $x = x' + \frac{E}{B}t$ の関係がある．これを式 (14.74) に代入すると式 (14.70) が得られる．

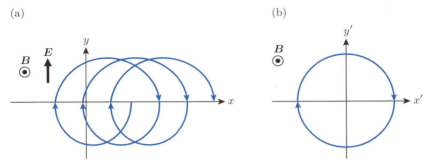

図 14.4 電磁場中の荷電粒子の運動とローレンツ変換．(a) $txyz$ 系で眺めた運動の軌跡．(b) $t'x'y'z'$ 系で眺めた運動の軌跡．

14 章の問題

□ **14.1** $txyz$ 系で x 軸方向に速度 u で運動している物体の速度は，$t'x'y'z'$ 系ではどうなるかを計算しなさい．

□ **14.2** 長さ L の棒が x 軸方向に置かれている．この棒に対して x 軸方向に速さ v で運動している観測者から眺めた棒の長さを求めなさい．

□ **14.3** 式 (14.62)～(14.67) が成り立つことを示しなさい．

□ **14.4** ある光源に対して静止している観測者から見た光の振動数が f のとき，光源に対して速さ v で近づいている観測者から見た光の振動数を求めなさい．

付録A

ベクトル解析の初歩

A.1　スカラー場

　向きをもたずに大きさだけをもつ量を**スカラー**，大きさと向きがある量を**ベクトル**という．例えば3次元空間のベクトルは3つの成分をもつ．スカラーが空間に分布しているものを**スカラー場**という．スカラー場は，空間のあらゆる場所に数字が散りばめられているものと想像すればよい．スカラー場は位置ベクトル r を変数とするスカラー関数として $f(r)$ と書くことができる．3次元の場合，位置ベクトルは成分を用いて $r = (x, y, z)$ と書くことができるので，スカラー場は $f(x, y, z)$ と表すことができる．

A.2　ベクトル場

　ベクトルが空間に分布しているものを**ベクトル場**という．ベクトル場としては空間のあらゆる場所に矢印が散りばめられたものを想像すればよい．ベクトル場は $A(r)$ のように位置ベクトルの関数として表される．3次元の場合に $A(r)$ を丁寧に書くと，$(A_x(x, y, z), A_y(x, y, z), A_z(x, y, z))$ となる．

A.3　勾　　　配

　図 A.1 のような地形を例にとって考えてみよう．例えば位置座標 (x, y) における標高を f とすると，$f(x, y)$ は2次元におけるスカラー場であり，地形の情報を完全に含んでいる．これをもとに，各地点における斜面の向きと傾斜の激しさ，すなわち**勾配**を求めてみよう．斜面の向きと傾斜の激しさを合わせて矢印で表すことができるので，勾配はベクトル場といえる．微小変位 $dr = (dx, dy)$ だけ移動した際の標高の変化は偏微分を用いて

$$df = f(x + dx, y + dy) - f(x, y)$$

A.3 勾配

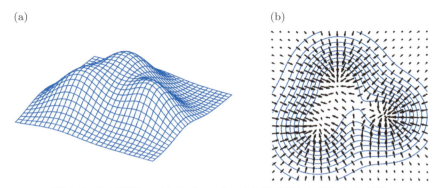

図 A.1 (a) 地形の3次元プロット．(b) 等高線と勾配による表現．

$$\begin{aligned}
&= \frac{f(x+dx, y+dy) - f(x, y+dy)}{dx} dx + \frac{f(x, y+dy) - f(x,y)}{dy} dy \\
&= \frac{\partial f}{\partial x} dx + \frac{\partial f}{\partial y} dy = \left(\frac{\partial f}{\partial x}, \frac{\partial f}{\partial y}\right) \cdot (dx, dy) = \nabla f \cdot d\boldsymbol{r}
\end{aligned} \quad (A.1)$$

と表すことができる．演算子 ∇ はベクトル

$$\left(\frac{\partial}{\partial x}, \frac{\partial}{\partial y}\right)$$

を省略したものであり，**ナブラ**と読む．ここで ∇f の意味を考えてみよう．2成分からなることから明らかなように ∇f は大きさと向きをもったベクトルである．∇f と $d\boldsymbol{r}$ のなす角を ϕ とすると，内積の定義により式 (A.1) は

$$\frac{df}{|d\boldsymbol{r}|} = |\nabla f| \cos\phi \quad (A.2)$$

と変形できる．これは微小変位の大きさが同じ $|d\boldsymbol{r}|$ なら，$d\boldsymbol{r}$ の向きが ∇f と同じであるときに最も標高が増加することを意味する．つまり，∇f の向きは斜面が最も「登る」向きを表す．また，その向きの変位に対しては，

$$\frac{df}{|d\boldsymbol{r}|} = |\nabla f| \quad (A.3)$$

であるので，$|\nabla f|$ は斜面の傾きを表す．以上をまとめると，∇f は勾配を表すベクトルといえる．つまり，標高というスカラー場 f が与えられれば，機械的な計算により勾配を表すベクトル場 ∇f が求められるのである．

以上の考え方は3次元でも全く同じである．3次元空間の位置 $\boldsymbol{r}$ から $d\boldsymbol{r}$ だけわずかに移動すると，スカラー場の値は $f(\boldsymbol{r})$ から $f(\boldsymbol{r} + d\boldsymbol{r})$ にわずかに変化する．

212　　　　　　　付録 A　ベクトル解析の初歩

$df = f(\boldsymbol{r} + d\boldsymbol{r}) - f(\boldsymbol{r})$ とすると，2 次元のときと同様に

$$df = \frac{\partial f}{\partial x} \, dx + \frac{\partial f}{\partial y} \, dy + \frac{\partial f}{\partial z} \, dz = \nabla f \cdot d\boldsymbol{r} \tag{A.4}$$

と書ける．ただし 3 次元では

$$\nabla = \left(\frac{\partial}{\partial x}, \frac{\partial}{\partial y}, \frac{\partial}{\partial z} \right) \tag{A.5}$$

とした．変位の大きさ $|d\boldsymbol{r}|$ を固定して，変位の向きをいろいろ変えてみたときに df が最も増加する向きが ∇f の向き，その向きに移動した際の f の増加の激しさが $|\nabla f|$ である．

例として関数 $f(x, y, z) = r$ に対する勾配を求めてみよう．ただし $r = \sqrt{x^2 + y^2 + z^2}$ とする．

$$\frac{\partial f}{\partial x} = \frac{\partial}{\partial x}(x^2 + y^2 + z^2)^{\frac{1}{2}} = x(x^2 + y^2 + z^2)^{-\frac{1}{2}} = \frac{x}{r} \tag{A.6}$$

なので，他の成分も同様に考えれば，

$$\nabla f = \left(\frac{x}{r}, \frac{y}{r}, \frac{z}{r} \right) = \frac{\boldsymbol{r}}{r} \tag{A.7}$$

となる．

勾配を $\boldsymbol{r}_1$ から $\boldsymbol{r}_2$ に至る経路に沿って線積分すると，式 (A.1) より

$$\int_{\boldsymbol{r}_1}^{\boldsymbol{r}_2} \nabla f \cdot d\boldsymbol{r} = \int_{\boldsymbol{r}_1}^{\boldsymbol{r}_2} df = f(\boldsymbol{r}_2) - f(\boldsymbol{r}_1) \tag{A.8}$$

となる．これを利用すると，勾配が与えられているときに基になったスカラー場を求めることができる．この積分は最初と最後の位置だけで決まり，途中の経路には依存しない．

ベクトル場が与えられているとき，それをスカラー場の勾配と解釈することが常に可能とは限らない．例えば，地形図に各々の場所の勾配を矢印として書き込んだベクトル場に対しては標高というスカラー場が存在する．ところが，風向や風速を矢印として書き込んだベクトル場に対しては標高のようなスカラー場は存在しない．なぜなら，台風のように渦を巻いているベクトル場を勾配だと考えると，渦のまわりを一周して戻ったとき，最初と標高が食い違ってしまうからである．

式 (A.8) で $\boldsymbol{r}_1 = \boldsymbol{r}_2$ とおくと，もしベクトル場 $\boldsymbol{A}$ がスカラー場 f の勾配として表現できるなら，任意の閉じた経路についての線積分が必ず

$$\oint \boldsymbol{A} \cdot d\boldsymbol{r} = 0 \tag{A.9}$$

を満たさなければならないことがわかる.しかし,全ての閉じた経路についてこれを確認するのは現実的ではない.そこで,ベクトル場がスカラー場の勾配として表現できるかどうかを確かめる別の方法を考えよう.もし $A = \nabla f$ であるなら,

$$\frac{\partial A_x}{\partial y} = \frac{\partial^2 f}{\partial x \partial y} \tag{A.10}$$

であり

$$\frac{\partial A_y}{\partial x} = \frac{\partial^2 f}{\partial y \partial x} \tag{A.11}$$

である.f が C^2 級関数であるなら,偏微分の性質から式 (A.10) と式 (A.11) は等しくなければならない.つまり,ベクトル場 A の成分がスカラー場の勾配として表現できるための条件は

$$\frac{\partial A_x}{\partial y} = \frac{\partial A_y}{\partial x}, \quad \frac{\partial A_y}{\partial z} = \frac{\partial A_z}{\partial y}, \quad \frac{\partial A_z}{\partial x} = \frac{\partial A_x}{\partial z} \tag{A.12}$$

を全て満たすことである.この条件は A.8 節で説明するストークスの定理からも導くことができる.

A.4 発　　　散

　流体におけるベクトル場を例にとって考えてみよう.まず,位置 r における流れの向きと速さを表すベクトル $v(r)$ を**流速ベクトル**という.次に,位置 r における流体の密度を $\rho(r)$ としたとき,$j(r) = \rho(r)v(r)$ を**流束密度ベクトル**という.

　単位時間あたりに微小平面を裏から表に通過する流体の体積を求めてみよう.大きさが微小平面の面積,向きが微小平面を裏から表に垂直に貫く向きのベクトルを dS とすると,単位時間あたりに微小平面を通過する流体の体積は $v \cdot dS$ である.その符号が正のときは流体が裏から表に通過し,負のときは表から裏に通過することを意味する.単位時間あたりに通過する流体の質量は流束密度ベクトルを用いて $j \cdot dS$ と表される.

　位置 $r = (x, y, z)$ 付近に図 A.2 のような微小直方体があり,x, y, z 軸方向の辺の長さをそれぞれ dx, dy, dz とする.単位時間あたりにこの微小直方体内から外部に流出する流体の質量を求めてみよう.まず,x 軸に垂直な 2 枚の面の面積は $dydz$ である.このうち x 座標が $x - \frac{1}{2}dx$ の微小平面は $dS = (-dydz, 0, 0)$,x 座標が $x + \frac{1}{2}dx$ の微小平面は $dS = (+dydz, 0, 0)$ という面積ベクトルでそれぞれ表すことができる.この 2 枚の面に対して $j \cdot dS$ の和をとると $j = (j_x, j_y, j_z)$ として

$$-j_x\left(x-\tfrac{dx}{2},y,z\right)dydz + j_x\left(x+\tfrac{dx}{2},y,z\right)dydz$$
$$= \frac{\partial j_x}{\partial x}dxdydz \tag{A.13}$$

となる．他の 4 枚の面についても同様に考えると，微小な直方体の内側から外側に，単位時間あたりに流出する流体の質量は

$$\left(\frac{\partial j_x}{\partial x}+\frac{\partial j_y}{\partial y}+\frac{\partial j_z}{\partial z}\right)dxdydz = \mathrm{div}\,\boldsymbol{j}\,dxdydz \tag{A.14}$$

となる．ここで

$$\frac{\partial j_x}{\partial x}+\frac{\partial j_y}{\partial y}+\frac{\partial j_z}{\partial z}=\mathrm{div}\,\boldsymbol{j} \tag{A.15}$$

と表した．$\mathrm{div}\,\boldsymbol{j}$ を $\boldsymbol{j}$ の**発散**とよび，**ダイバージェンス $\boldsymbol{j}$** と読む．発散はナブラ演算子を用いて $\nabla\cdot\boldsymbol{j}$ と表すこともできる．div はベクトル場からスカラー場を与える演算子である．

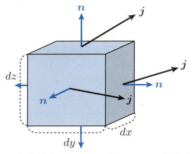

図 A.2 微小直方体を流れる流体．$\boldsymbol{j}$ は流束密度ベクトル．

もし微小体積から流れ出る流体が流れ込む流体より多ければ $\mathrm{div}\,\boldsymbol{j}>0$，流れ込む流体の方が多ければ $\mathrm{div}\,\boldsymbol{j}<0$ となる．$\mathrm{div}\,\boldsymbol{j}>0$ を満たす点では流体の**湧き出し**，$\mathrm{div}\,\boldsymbol{j}<0$ を満たす点では流体の**吸い込み**があると考えればイメージしやすい．

ためしにベクトル場

$$\boldsymbol{A}(x,y,z)=\left(\frac{x}{r^3},\frac{y}{r^3},\frac{z}{r^3}\right) \tag{A.16}$$

の発散を求めてみよう．

$$\frac{\partial}{\partial x}\left(\frac{x}{r^3}\right)=\frac{1}{r^3}+x\frac{\partial}{\partial x}r^{-3}=\frac{1}{r^3}-\frac{\partial r}{\partial x}\frac{d}{dr}r^{-3}=\frac{1}{r^3}-3\frac{x^2}{r^5} \tag{A.17}$$

などの関係を用いると

$$\text{div}\, \boldsymbol{A} = \frac{3}{r^3} - 3\frac{x^2 + y^2 + z^2}{r^5} = 0 \tag{A.18}$$

となる.

A.5 連続の方程式

流体が発生したり消滅したりすることがない，すなわち質量が保存される場合を考える．微小時間 dt に大きさ dV の微小体積から流れ出る流体の質量は，式 (A.14) を用いると $\text{div}\, \boldsymbol{j}\, dV dt$ である．その間に dV に含まれる流体の密度が $d\rho$ 変化したとすると，質量の保存により

$$d\rho dV = -\text{div}\, \boldsymbol{j}\, dV dt \tag{A.19}$$

が満たされなくてはならない．これを整理し，位置を固定して時刻だけで微分する場合には偏微分の記号を用いることに注意すると

$$\text{div}\, \boldsymbol{j} + \frac{\partial \rho}{\partial t} = 0 \tag{A.20}$$

が得られる．これを**連続の方程式**という．例えばもしある場所で $\text{div}\, \boldsymbol{j} > 0$ であるならその場所から流体が逃げ出すことになるので，その場所の密度 ρ は時間とともに減少し $\frac{\partial \rho}{\partial t} < 0$ となる．連続の方程式は電荷やエネルギーなど，保存則を満たす物理量の流れに応用することができる．

A.6 ガウスの定理

任意のベクトル場 $\boldsymbol{A} = (A_x, A_y, A_z)$ がある．このとき，積分

$$\iiint \frac{\partial A_x}{\partial x}\, dxdydz \tag{A.21}$$

を計算してみる．x に関する積分を先に実行すると，凹凸が激しくない形の領域では

$$\iint \left(A_x(x_1, y, z) - A_x(x_0, y, z) \right) dydz \tag{A.22}$$

と書くことができる．ここで y と z を固定して x を正の向きに変化させていった場合に，領域外から領域内に突入するときの x を x_0，領域内から領域外に脱出するときの x を x_1 とした．領域の凸凹が激しい場合には，x を変化させていった場合に領域を何度も出入りすることがありうる．その場合は出入りするたびにその場所を x_k と名づけ，k に 0 から通し番号をつけると，

$$\iiint \frac{\partial A_x}{\partial x} dxdydz \tag{A.23}$$

$$= \sum_{k:奇数} \iint A_x(x_n, y, z) dydz - \sum_{k:偶数} \iint A_x(x_n, y, z) dydz \tag{A.24}$$

と書くことができる．ここで，$A_x(x_n, y, z)$ は，領域の表面における A_x の値である．一方，領域の表面は微小面積要素 $d\bm{S} = \bm{n} dS$ で表すこともできる．ここで $\bm{n} = (n_x, n_y, n_z)$ は微小面積要素の法線ベクトルである．微小面積要素 $d\bm{S}$ を yz 平面に射影した面積が式 (A.23) における $dydz$ なので，

$$dydz = n_x dS \tag{A.25}$$

と表すことができる（図 A.3）．ここで $dydz$ は微小面積要素 $d\bm{S}$ の表裏に応じて正負の符号をとることに注意し，式 (A.23) の積分を dS に対するものに置き換えると

$$\iiint \frac{\partial A_x}{\partial x} dxdydz = \iint A_x n_x dS \tag{A.26}$$

と表すことができる．同様の計算を y 成分や z 成分に対しても行い，3 成分をまとめて書くと，

$$\iiint \left(\frac{\partial A_x}{\partial x} + \frac{\partial A_y}{\partial y} + \frac{\partial A_z}{\partial z} \right) dxdydz = \iint (A_x n_x + A_y n_y + A_z n_z) dS$$

$$\iiint \mathrm{div}\, \bm{A}\, dV = \iint \bm{A} \cdot d\bm{S} \tag{A.27}$$

となる．これを**ガウスの定理**という．$\bm{A}$ として流束密度ベクトルを考えると，左辺は領域内に含まれる湧き出しの総和，右辺は領域から単位時間あたりに流れ出る流体の質量を意味する．例えば常に水があふれている池があるとき，池の中に泉があるはずだと考えれば，この式の意味は直観的に理解できるだろう．

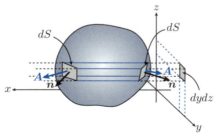

図 A.3　ガウスの定理の証明における $\bm{n}\, dS$ と $dydz$ の関係．

A.7 回　　　転

ベクトル場 A に対して，$\nabla \times A$ を A の**回転**または**ローテーション**といい，rot A と書く．成分で表すと

$$
\text{rot } A = \left(\frac{\partial A_z}{\partial y} - \frac{\partial A_y}{\partial z}, \frac{\partial A_x}{\partial z} - \frac{\partial A_z}{\partial x}, \frac{\partial A_y}{\partial x} - \frac{\partial A_x}{\partial y} \right) \tag{A.28}
$$

である．ローテーションはベクトル場からベクトル場を与える演算子である．ローテーションの意味を以下に考えていこう．一般にベクトル場は位置の複雑な関数であるが，微小な領域で眺めるとベクトル場の各成分は位置に対する一次関数で近似できる．このような近似を**線形近似**という．ベクトル場

$$
A = (A_x, A_y, A_z) \tag{A.29}
$$

に関して，体積 $\Delta x \Delta y \Delta z$ の領域で線形近似が成り立つとすると，A_x, A_y, A_z のいずれかを x, y, z のいずれかで偏微分したものは領域内では場所によらず一定とみなすことができる．

さて，位置 (x, y, z), $(x + \Delta x, y, z)$, $(x + \Delta x, y + \Delta y, z)$, $(x, y + \Delta y, z)$ をこの順で巡る長方形の経路に沿ってベクトル場の線積分

$$
\oint A \cdot dr \tag{A.30}
$$

を計算してみよう．積分経路をそれぞれの辺に分け，線形近似が成り立つ場合にはベクトル場を積分経路の中央の値で代表させることができることを利用すると

$$
\begin{aligned}
\oint A \cdot dr &= A_x \left(x + \tfrac{\Delta x}{2}, y, z \right) \Delta x + A_y \left(x + \Delta x, y + \tfrac{\Delta y}{2}, z \right) \Delta y \\
&\quad - A_x \left(x + \tfrac{\Delta x}{2}, y + \Delta y, z \right) \Delta x - A_y \left(x, y + \tfrac{\Delta y}{2}, z \right) \Delta y \\
&= \left(\frac{\partial A_y}{\partial x} - \frac{\partial A_x}{\partial y} \right) \Delta x \Delta y \\
&= (\text{rot } A)_z \Delta x \Delta y
\end{aligned} \tag{A.31}
$$

となる．同様に (x, y, z), $(x + \Delta x, y, z)$, $(x, y + \Delta y, z)$ を頂点とする直角三角形の経路における線積分が

$$
\oint A \cdot dr = (\text{rot } A)_z \frac{1}{2} \Delta x \Delta y \tag{A.32}
$$

であることも容易に示される．つまり，z 軸に垂直な面上の微小な閉じた経路に沿った A の線積分は，$(\text{rot } A)_z$ に経路が囲む面積をかけたものに等しい．

次に,例えば図 A.4 のように微小直方体が斜めに切断されている場合に,この切断面(面積を dS とする)の周囲に沿った線積分 I を考えてみよう.直方体の面に 1 から 5 までの番号をつけ,面 k における線積分を I_k とすると

$$I = I_1 + I_2 + I_3 + I_4 + I_5 \tag{A.33}$$

と書ける(図 A.4 (a)).さらに面 1 と面 4 での線積分はまとめて 1 つの平行四辺形を囲む面積分で表すことができる(図 A.4 (b)).この平行四辺形の面積 dS_x は面積 dS の微小面を xy 面に射影したものなので,微小面の法線ベクトルを $\bm{n} = (n_x, n_y, n_z)$ と表すと,

$$dS_x = n_x\, dS \tag{A.34}$$

である.したがって,

$$I_1 + I_4 = (\mathrm{rot}\,\bm{A})_x n_x\, dS \tag{A.35}$$

となり,同様のことを他の面についても行うと,

$$I = \mathrm{rot}\,\bm{A} \cdot d\bm{S} \tag{A.36}$$

が導かれる.ここで $d\bm{S} = \bm{n}\, dS$ とした.

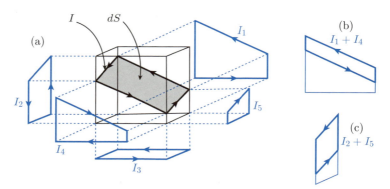

図 A.4 黒の閉曲線の経路に沿った線積分は,青の閉曲線に沿った線積分の和に等しい.

A.8 ストークスの定理 **219**

　ここで，積分 I の意味を考えてみよう．これは法線ベクトルを n とする面上の面積 dS の閉じた経路におけるベクトル場の線積分である．これが 0 でない場合の最も簡単な例は，ベクトル場が渦を巻いているときである．そこで，dS の大きさを固定し，面の向きをさまざまに変えて I の大きさを比べてみるとしよう．このとき最も I の値が大きくなるのは，n が rot A と同じ向きを向いた場合であることが式 (A.36) からわかる．これは，rot A がベクトル場 A の渦を右ねじの回転に例えたときにねじが進む向きを向いたベクトルであり，rot A の大きさが渦の激しさを表していることを意味する．そこで rot A をベクトル場 A の**渦度**とよぶこともある．

　ただ，ローテーションは，必ずしも一目でわかる渦だけを表しているわけではない．例えば，図 9.2 (2) のベクトル場 $A = (0, Bx, 0)$ は一見渦を巻いていないように見えるが

$$\text{rot } A = (0, 0, B)$$

である．このベクトル場を人の流れを表したものと考えて，人混みに揉まれながら歩く状況を想像してみよう．左右の人の歩く速さが違うために，自分の体はくるくると反時計回りに回転しながら y 軸方向に進んでいくことだろう．これは，このベクトル場が回転させる役割，すなわち渦を含んでいることを示している．

A.8　ストークスの定理

　任意の閉曲線と，その閉曲線を輪郭とする曲面がある．この曲面を微小な面に分割し，各々の微小面積要素を dS としよう．このとき，式 (A.36) により

$$\text{rot } A \cdot dS$$

はその面積要素の周囲における A の線積分に等しい．このような微小な線積分を曲面上で全て足し合わせると，隣接する面積要素どうしでは線積分が打ち消すので，結局最も外側の閉曲線上での線積分だけが生き残り，

$$\iint \text{rot } A \cdot dS = \oint A \cdot dr \tag{A.37}$$

が成り立つ（図 A.5）．これを**ストークスの定理**という．ストークスの定理を用いれば，ベクトル場の輪郭の情報だけから内部の渦の情報を知ることができる．

　もしベクトル場 A がスカラー場の勾配として表現できるなら，式 (A.9) により式 (A.37) の右辺は 0 になる．これは，経路によらずに成り立たなければならないので，あらゆる場所で rot $A = 0$ でなければならない．これは式 (A.12) と一致する．

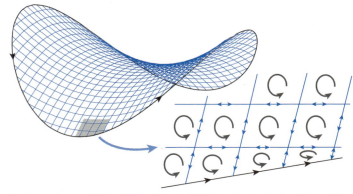

図 A.5 各々の区画の周囲に沿った線積分の和は，全体の輪郭に沿った線積分に等しい．

A.9 ベクトル解析の恒等式

f を任意のスカラー場，$\boldsymbol{A}$ を任意のベクトル場としたときに成り立つ恒等式をいくつか挙げておく．証明については各自試みられたい．

$$\nabla(fg) = f\nabla g + g\nabla f \tag{A.38}$$

$$\mathrm{div}(f\boldsymbol{A}) = f\,\mathrm{div}\,\boldsymbol{A} + \boldsymbol{A}\cdot\nabla f \tag{A.39}$$

$$\mathrm{div}\,\mathrm{rot}\,\boldsymbol{A} = 0 \tag{A.40}$$

$$\mathrm{rot}\,\nabla\chi = 0 \tag{A.41}$$

$$\mathrm{rot}\,\mathrm{rot}\,\boldsymbol{A} = \nabla(\mathrm{div}\,\boldsymbol{A}) - \nabla^2\boldsymbol{A} \tag{A.42}$$

$$\mathrm{rot}(f\boldsymbol{A}) = f\,\mathrm{rot}\,\boldsymbol{A} - \boldsymbol{A}\times\nabla f \tag{A.43}$$

$$\mathrm{div}(\boldsymbol{A}\times\boldsymbol{B}) = \boldsymbol{B}\cdot\mathrm{rot}\,\boldsymbol{A} - \boldsymbol{A}\cdot\mathrm{rot}\,\boldsymbol{B} \tag{A.44}$$

$$\mathrm{div}(f\nabla g) = f\nabla^2 g + (\nabla f)\cdot(\nabla g) \tag{A.45}$$

付録B

主な物理定数と主な物質の物理量

物理量	数値	単位
真空の誘電率 ε_0	$8.8541878 \times 10^{-12}$	F/m
真空の透磁率 μ_0	$4\pi \times 10^{-7}$	H/m
電気素量 e	1.602177×10^{-19}	C
電子の質量 m_e	9.1094×10^{-31}	kg
ボーア磁子 μ_B	9.27401×10^{-24}	J/T
光速 c	2.99792458×10^8	m/s
プランク定数 h	6.62607×10^{-34}	J s
水の比誘電率 [†1]	80.36	
ベンゼンの比誘電率 [†1]	2.284	
水の磁化率 [†1]	-9.1×10^{-5}	
硫酸銅の磁化率 [†1]	7.4×10^{-4}	
銅の電気抵抗率 [†2]	1.6×10^{-8}	Ω m
タングステンの電気抵抗率 [†2]	4.9×10^{-8}	Ω m
鉛の電気抵抗率 [†2]	19×10^{-8}	Ω m
ガラスの電気抵抗率	1×10^{12}	Ω m
ケイ素（Si）中の電子の易動度（27℃）	0.15	m^2/(V s)
水の屈折率 [†3]	1.3330	
ベンゼンの屈折率 [†3]	1.5012	
ダイヤモンドの屈折率 [†3]	2.4195	

[†1] 温度 20℃ におけるもの.

[†2] 温度 0℃ におけるもの.

[†3] ナトリウム D 線（波長 589.3 nm）の光に対するもの.

演習問題略解

第1章

1.1 一方の面の微小面積 dS は，同じ面上の電荷から，また他の面上の電荷からそれぞれクーロン力を受ける．前者は全ての方向からの力が打ち消すので 0 であり，後者の大きさは例題 1.2 の結果より $\sigma\,dS\frac{\sigma}{2\varepsilon}$ である．よって，単位面積あたりにはたらく力の大きさは $\frac{\sigma^2}{2\varepsilon}$ であり，向きは面に垂直で，互いに遠ざかる向きである．

1.2 一方の棒の微小長さ dl は，他の棒から大きさ $\eta\,dl\frac{\eta}{2\pi\varepsilon d}$ のクーロン力を受ける（式 (1.12) を利用）．よって，単位長さあたりにはたらく力の大きさは $\frac{\eta^2}{2\pi\varepsilon d}$ であり，向きは棒に垂直で，互いに遠ざかる向きである．

1.3 球を微小な体積要素に分け，それぞれの要素の電荷がつくる電場を足し合わせればよい．単位体積あたりの電荷を ρ と書くことにする．球の中心 O を原点に置き，観測点 A を z 軸上に置く．球の中心から距離 a 離れた，球内部のある点 P のまわりの微小体積要素 $a^2\sin\theta\,da d\theta d\phi$ が観測点につくる微小な電場 $d\boldsymbol{E}$ は，P と A の距離を r とすると $d\boldsymbol{E}=\frac{1}{4\pi\varepsilon_0}\frac{\rho a^2\sin\theta\,da d\theta d\phi}{r^2}\boldsymbol{e}_E$ である．ここで $\boldsymbol{e}_E$ は P から A に向かう方向の単位ベクトルである．球全体の電荷がつくる電場 $\boldsymbol{E}$ はこれを積分すれば求まるので，

$$\boldsymbol{E}=\frac{\rho}{4\pi\varepsilon_0}\int_0^{2\pi}\int_0^{\pi}\int_0^{r_e}\frac{a^2}{r^2}\,\boldsymbol{e}_E\sin\theta\,da d\theta d\phi$$

と表すことができる．ϕ を 0 から 2π まで変化させても微小体積要素がつくる電場の大きさは変わらず，向きだけが変わる．ϕ について積分すると，電場のうち z 軸に垂直な成分は打ち消し，z 成分だけが生き残ることに注意すると，

$$\boldsymbol{E}=2\pi\frac{\rho}{4\pi\varepsilon_0}\,\boldsymbol{e}_z\int_0^{\pi}\int_0^{r_e}\frac{a^2}{r^2}\cos\alpha\sin\theta\,da d\theta$$

となる．ここで $\boldsymbol{e}_z$ は z 軸方向の単位ベクトルである．このことから電場は球の中心から観測点に向かう向きを向いていることがわかる．ここで α は $\boldsymbol{e}_E$ と z 軸のなす角であり，$\cos\alpha=\frac{R-a\cos\theta}{r}$ を満たす．余弦定理より

$$r^2=R^2+a^2-2Ra\cos\theta$$

である．$\frac{R}{a}=s\ (s>1)$ とおくと，電場の大きさは

$$E=\frac{\rho}{2\varepsilon_0}\int_0^{r_e}\int_0^{\pi}\frac{s-\cos\theta}{(s^2+1-2s\cos\theta)^{\frac{3}{2}}}\sin\theta\,d\theta da$$

となり，$s^2+1-2s\cos\theta=u$ と変数変換すると，$2\sin\theta\,d\theta=du$, $\cos\theta=\frac{s^2+1-u}{2s}$ で

演習問題略解　　　　　　　　　　　　**223**

あるので，θ に関する積分は

$$\int_{(s-1)^2}^{(s+1)^2} u^{-\frac{3}{2}} \left(\frac{u+s^2-1}{2s} \right) \frac{1}{2s}\, du = \frac{2}{s^2} = \frac{2a^2}{R^2}$$

となる．この結果を用いると，

$$E = \frac{\rho}{\varepsilon_0} \frac{1}{R^2} \int_0^{r_e} a^2\, da = \frac{Q}{4\pi\varepsilon_0 R^2}$$

が得られる．以上より，球全体による電場は，球の中心に全電荷が集中している場合の電場と同じと考えてもよいことがわかる．ここでは，かなり手間のかかる計算を行ったが，ガウスの法則を用いると，はるかに簡単に同じ結論を導くことができる．

1.4　球殻上のある点 P を xyz 座標で表すと $(a\sin\theta\cos\phi, a\sin\theta\sin\phi, a\cos\theta)$ である．対称性から，観測点 A を xz 平面上の点 $(r\sin\Theta, 0, r\cos\Theta)$ としても一般性を失わない．xyz 系を y 軸のまわりに Θ 回転させた $x'y'z'$ 系という座標系を考えよう．この座標系では点 A を成分で表すと $(0, 0, r)$ である．一方，$x'y'z'$ 系で点 P を $(a\sin\theta'\cos\phi', a\sin\theta'\sin\phi', a\cos\theta')$ と表すことにすると，

$$\overline{\mathrm{PA}} = \sqrt{a^2 + r^2 - 2ar\cos\theta'}$$

である．z 軸の方向を $x'y'z'$ 系での成分で表すと $(-\sin\Theta, 0, \cos\Theta)$ である．点 P の位置ベクトルと z 軸のなす角 θ は，これらの方位の単位ベクトルどうしの内積の計算により $\cos\theta = -\sin\Theta\sin\theta'\cos\phi' + \cos\Theta\cos\theta'$ を満たす．したがって，観測点 $\mathrm{A} = (x, y, z)$ における電位は

$$\frac{\sigma_0 a^2}{4\pi\varepsilon} \int_0^\pi \int_0^{2\pi} \frac{-\sin\Theta\sin\theta'\cos\phi' + \cos\Theta\cos\theta}{\sqrt{a^2 + r^2 - 2ar\cos\theta'}} \sin\theta'\, d\phi'\, d\theta'$$

である．ここで積分範囲 0 から 2π で $\cos\phi'$ を ϕ' で積分すると 0 になるので，分子の第 1 項は消える．$u = a^2 + r^2 - 2ar\cos\theta'$ と変数変換すると，観測点 $\mathrm{A} = (x, y, z)$ における電位は

$$\frac{\sigma_0 a^2 \cos\Theta}{2\varepsilon} \int_{(a-r)^2}^{(a+r)^2} u^{-\frac{1}{2}} \frac{a^2 + r^2 - u}{2ar} \frac{1}{2ar}\, du$$

$$= \frac{\sigma_0 \cos\Theta}{8\varepsilon r^2} \left\{ 2(a^2 + r^2)(|a+r| - |a-r|) - \frac{2}{3}(|a+r|^3 - |a-r|^3) \right\}$$

$$= \begin{cases} \dfrac{\sigma_0}{3\varepsilon} r\cos\Theta = \dfrac{\sigma_0}{3\varepsilon} z & (r < a) \\[2mm] \dfrac{\sigma_0}{3\varepsilon} \dfrac{a^3}{r^2} \cos\Theta = \dfrac{\sigma_0 a^3}{3\varepsilon} \dfrac{z}{r^3} & (r > a) \end{cases}$$

となる．これらの勾配の計算により電場を求めると，$r < a$ での電場は $\left(0, 0, -\frac{\sigma_0}{3\varepsilon}\right)$ であり，場所によらず一定である．一方 $r > a$ での電場は $\frac{\sigma_0 a^3}{3\varepsilon r^5}(3xz, 3yz, 3z^2 - r^2)$ となる．

224 演習問題略解

第2章

2.1 観測点を円柱軸と平行に移動させても電荷分布は変わらない．さらに，中心軸のまわりに円柱を回転させても電荷分布は変わらないので，電場の大きさは観測点から円柱軸までの距離だけに依存する．観測点から円柱の中心軸に下ろした垂線を軸として円柱を180度回転させても電荷分布は元と変わらないので，電場は垂線方向だけの成分をもつ．半径 r，高さ 1 の円柱に対してガウスの法則を適用すると，円柱の側面の面積を貫く電束 $2\pi r \varepsilon E$ が単位長さあたりの電荷 ρ に等しいので，

$$E = \frac{\rho}{2\pi \varepsilon r}$$

と求まる．

2.2 内側，外側の円筒にそれぞれ単位長さあたり ρ, $-\rho$ の電荷が蓄えられているとする．これらにはさまれた空間の電場の大きさは，中心軸からの距離 r とすると $E = \frac{\rho}{2\pi \varepsilon r}$ なので，これを円筒間で積分すると電位差が

$$V = \frac{\rho}{2\pi \varepsilon} \log \frac{b}{a}$$

と求められる．これらより，単位長さあたりの静電容量は

$$C = \frac{2\pi \varepsilon}{\log \frac{b}{a}}$$

となる．

2.3 例題 2.2 と同様の考察より，球殻の内部の電場の向きは半径方向の成分のみ，その大きさは向きによらないことが対称性から導ける．この成分を仮に E_r とおく．球殻の内側に，中心を同じくする面積 S の球面を考えると，この球面を内から外へ貫く電束は $\varepsilon_0 E_r S$ と書ける．ガウスの定理よりこの値は球が取り囲む電荷に等しいが，球殻の内側には電荷がないので $E_r = 0$ になる．よって球殻の内側には電場は存在しない．これは 1 章の例題 1.6 の結果と一致する．

第3章

3.1 電気量 Q の電荷の位置を $(0, 0, d)$ とし，導体が xy 平面に広がっているとする．この問題の境界条件とは，$z = 0$ における電位が 0 ということである．実質的にこれと同じ境界条件をつくる方法を考えてみよう．例えば，導体平面を置く代わりに，位置 $(0, 0, -d)$ に電気量 $-Q$ の別の電荷を置くと，$z = 0$ の xy 平面上の位置 $(x, y, 0)$ における電位は

$$\frac{Q}{4\pi \varepsilon \sqrt{x^2 + y^2 + d^2}} - \frac{Q}{4\pi \varepsilon \sqrt{x^2 + y^2 + d^2}}$$

であり，必ず 0 である．したがって $z > 0$ の空間における電位や電場を求める際に，この状況は $z = 0$ の面に電位 0 の導体を置いた場合と全く変わらない．このように，鏡に映した場所などに仮想的な電荷を置くことにより，同じ境界条件を満たす簡単な問題に置

演習問題略解　　**225**

き換える手法を**鏡像法**という.

(1) 鏡像法により，2 つの電荷がつくる電場と電位を求める問題に置き換えることにより，$z > 0$ の任意の場所 (x, y, z) における電位は $\frac{Q}{4\pi\varepsilon}\left(\frac{1}{\sqrt{r^2+(z-d)^2}} - \frac{1}{\sqrt{r^2+(z+d)^2}}\right)$ となる.ここで，$r = \sqrt{x^2 + y^2}$ は，点電荷および観測点から導体平面に下ろした垂線の足どうしの距離である.

(2) 2 つの電荷がちょうど xy 平面につくる電場は z 成分のみをもち，その値は $-\frac{Q}{2\pi\varepsilon} \times \frac{1}{r^2+d^2}\frac{d}{\sqrt{r^2+d^2}}$ である.これに ε をかけたものが電束密度である.さて，実際の設定では $z < 0$ の空間には電荷は存在せず，無限遠での電位は 0 なので，電荷と反対側には電場は存在しない.これは $z < 0$ の空間が導体で埋めつくされていると考えるのと同じである.

以上より，導体に出入りする電束は $z > 0$ の側だけを考えればよいので平面から $z > 0$ の空間に発生する電束の電束密度は導体平面上の電荷密度（単位面積あたりの電荷）と一致する.それを $\sigma(r)$ と書くと $\sigma(r) = -\frac{Q}{2\pi}\frac{d}{(r^2+d^2)^{\frac{3}{2}}}$ である.導体平面上の全電荷はこれを積分すればよいので

$$\int_0^{+\infty} 2\pi r\sigma\, dr = -Q\int_0^{+\infty} \frac{d}{(r^2+d^2)^{\frac{3}{2}}}\, r\, dr$$

となる.$r = d\tan\theta$ と変数変換すると積分は 1 と求まるので，導体平面の全電荷は $-Q$ となる.この結果は，点電荷から発生した電束が全て導体平面に吸収されることからも理解できる.この $-Q$ の電荷がどこから発生するかという疑問がわくかもしれないが，$z = 0$ の導体平面の電位を 0 に保つためには，導体平面と無限遠の場所を導線でつないでおく必要がある.この導線を通じて導体平面に $-Q$ の電荷が供給されると考えればよい.

(3) 導体平面が点電荷の位置につくる電場は，「鏡像」の位置にある $-Q$ の点電荷がつくる電場と全く同じなので，導体平面から受ける力の代わりに鏡像電荷から受ける力を考えてもよい.その力の大きさは $\frac{Q^2}{16\pi\varepsilon d^2}$ であり，向きは導体平面に向かう向きである.

3.2 1 章の演習問題 1.4 の解答によると，この球殻が外側につくる電位は $\frac{\sigma_0 a^3}{3\varepsilon}\frac{z}{r^3}$ である.式 (3.10) との比較により，これは z 軸の向きを向いた大きさ $p = \frac{4\pi a^2\sigma_0}{3}a$ の電気双極子がつくる電位と等しいことがわかる.

3.3 くり抜いた孔の内壁には分極電荷が発生することになる.球面の微小面積要素を dS とすると，この面積要素に発生する電荷は $dq = \boldsymbol{P}\cdot d\boldsymbol{S} = -\boldsymbol{P}\cdot\frac{\boldsymbol{r}}{r}dS$ と書くことができる.ここでは，誘電体の内部から外部に向かう向きに $d\boldsymbol{S}$ をとり，球の中心から球面に至るベクトルを $\boldsymbol{r}$ とした.この電荷が球の中心につくる電場 $\boldsymbol{E} = (E_x, E_y, E_z)$ は

$$\boldsymbol{E} = -\frac{1}{4\pi\varepsilon_0}\iint \frac{\boldsymbol{r}}{r^3}\boldsymbol{P}\cdot d\boldsymbol{S} = \frac{1}{4\pi\varepsilon_0 r^2}\iint \left(\boldsymbol{P}\cdot\frac{\boldsymbol{r}}{r}\right)\frac{\boldsymbol{r}}{r}dS$$

である.$\boldsymbol{P}$ の向きを z 軸の正の向きとし，$\boldsymbol{P}$ と $\boldsymbol{r}$ のなす角を θ とすると，対称性から z 成分のみが生き残り，その値は

$$E_z = \frac{1}{4\pi\varepsilon_0 r^2}\int_0^{2\pi}\int_0^{\pi} P\cos^2\theta\, r^2 \sin\theta\, d\theta d\phi = \frac{P}{3\varepsilon_0}$$

となる．以上，向きも含めて表すと，球の中心の電場は $\boldsymbol{E} = \frac{1}{3\varepsilon_0}\boldsymbol{P}$ となる．この電場の値はくり抜いた球の半径によらない．

第4章

4.1 磁気双極子を $\boldsymbol{m} = q_\mathrm{m}\boldsymbol{l}$ と表し，磁極 $-q_\mathrm{m}$ と磁極 q_m の位置をそれぞれ $\boldsymbol{r}$, $\boldsymbol{r}+\boldsymbol{l}$ とすると，磁気双極子が磁場 $\boldsymbol{H}$ 中で受ける力は $\boldsymbol{F} = q_\mathrm{m}\boldsymbol{H}(\boldsymbol{r}+\boldsymbol{l}) - q_\mathrm{m}\boldsymbol{H}(\boldsymbol{r})$ である．$\boldsymbol{l}$ が十分短い場合には，$F_x = q_\mathrm{m}\nabla H_x\cdot\boldsymbol{l} = \nabla H_x\cdot\boldsymbol{m}$, $F_y = q_\mathrm{m}\nabla H_y\cdot\boldsymbol{l} = \nabla H_y\cdot\boldsymbol{m}$, $F_z = q_\mathrm{m}\nabla H_z\cdot\boldsymbol{l} = \nabla H_z\cdot\boldsymbol{m}$ となる．例えば磁気双極子の向きを z 軸方向とすると，$\boldsymbol{F} = \frac{\partial}{\partial z}Hm_z$ と書くことができる．

4.2 まず，リングの中心から z 離れた場所に磁極 q_m があるときにリングを貫く磁束 $\Phi(z)$ を計算しよう．磁極からリングまでの距離を r とすると，リングの位置における磁束密度の大きさは $B = \frac{1}{4\pi}\frac{q_\mathrm{m}}{r^2}$ である．リングを貫く磁束は，半径 r の球面のうちリングの内側にあたる部分の面積 S に B をかけたものに等しい．$\tan\theta_1 = \frac{z}{a}$ とおくと

$$S = \int_0^{2\pi}\int_0^{\theta_1} r^2\sin\theta\, d\theta d\phi = 2\pi r^2 \int_0^{\theta_1}\sin\theta\, d\theta = 2\pi r^2(1-\cos\theta_1)$$

であるので，$\Phi(z) = \frac{q_\mathrm{m}}{2}\left(1 - \frac{z}{\sqrt{z^2+a^2}}\right)$ となる．磁気双極子ではさらにリングから距離 $z+l$ 離れた場所に磁極 $-q_\mathrm{m}$ があるので，それも含めるとリングを貫く磁束は

$$\Phi(z) - \Phi(z+l) \approx -\frac{d\Phi}{dz}l$$
$$= \frac{q_\mathrm{m}}{2}\frac{a^2}{(z^2+a^2)^{\frac{3}{2}}}l$$
$$= \frac{|\boldsymbol{m}|}{2}\frac{a^2}{(z^2+a^2)^{\frac{3}{2}}}$$

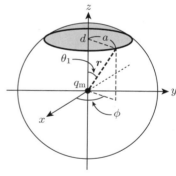

となる．

4.3 球面の法線ベクトルを $\boldsymbol{n}$ とすると，球の表面の微小面積 dS には磁極 $\boldsymbol{M}\cdot\boldsymbol{n}\,dS = M\,dS\cos\theta$ が発生する．ここで θ は法線ベクトルと磁化のなす角である．この表面磁極は1章の演習問題1.4にある電荷の分布と同様なので，同様の考察により，この磁極は球の内部に $-\frac{1}{3}\boldsymbol{M}$ という磁場をつくる．これが反磁場である．

演習問題略解　　**227**

第5章

5.1 例えば，同じ閉曲線を輪郭とする曲面 A と曲面 B があるとする．それぞれを通過する電流を $I_A = \int_A \boldsymbol{i} \cdot d\boldsymbol{S}$, $I_B = \int_B \boldsymbol{i} \cdot d\boldsymbol{S}$ と表すことにする．このとき，曲面 A と曲面 B に挟まれた閉曲面（これを閉曲面 S とよぶことにする）に関して電流密度を積分すると，5 章の例題 5.1 よりそれは 0 にならなければならない．一方，閉曲面 S に関する積分は，曲面 A と閉曲面 S では表と裏の定義が逆であることに注意すると

$$\int_S \boldsymbol{i} \cdot d\boldsymbol{S} = I_B - I_A$$

となる．これは 0 なので $I_B = I_A$ が示された．

5.2 平行板コンデンサーの両極板にそれぞれ単位面積あたり $\pm\sigma$ の電荷が蓄えられているとき内部の電束密度は σ であるので，コンデンサーの極板の面積を S とすると変位電流は $\frac{S\,d\sigma}{dt}$ である．$S\,d\sigma$ は極板が蓄える電荷であり，その時間微分は流れ込む電流にほかならないので，結局変位電流は I に等しい．

5.3 1 つのキャリアーは 1 秒間に $\frac{1}{2\tau}$ 回衝突し，衝突ごとに $\frac{1}{2}m(2\overline{v})^2$ の運動エネルギーを失う．したがって 1 つのキャリアーが 1 秒間あたりに失うエネルギーは

$$\frac{1}{2\tau} \times \frac{1}{2}m(2\overline{v})^2 = m\frac{\overline{v}^2}{\tau} \tag{B.1}$$

である．一方，$I = nq\overline{v}S$, $V = EL$ なので，1 秒間あたりに物体全体で発生するジュール熱は

$$IV = nq\overline{v}SEL = NqE\overline{v} = N\frac{m\overline{v}}{\tau}\overline{v} = Nm\frac{\overline{v}^2}{\tau}$$

となる．変形には式 (5.14) を利用し，キャリアーの数を N とした．これは式 (B.1) を N 倍したものに等しいので，キャリアーが衝突によって失うエネルギーがジュール熱の起源と考えることができる．

第6章

6.1 半径 a のリング状のコイルを原点を中心に xy 平面に置く．リング上の位置は $\boldsymbol{l} = (a\cos\phi, a\sin\phi, 0)$ であり，観測点は $\boldsymbol{r} = (0,0,0)$ である．このとき，$d\boldsymbol{l} = (-a\sin\phi\,d\phi, a\cos\phi\,d\phi, 0)$ なので

$$d\boldsymbol{l} \times (\boldsymbol{r} - \boldsymbol{l}) = (0, 0, a^2\,d\phi), \quad |\boldsymbol{r} - \boldsymbol{l}|^3 = a^3$$

であり，磁場は z 成分のみをもつことがわかる．式 (6.3) より

$$H_z = \frac{I}{4\pi a}\int_0^{2\pi} d\phi = \frac{I}{2a}$$

となる．

228 演習問題略解

6.2 まず，半径 a の円形コイルの軸上にあり，コイル面から距離 l 離れた場所の磁場は，ビオ–サバールの法則より $\dfrac{Ia^2}{2(l^2+a^2)^{\frac{3}{2}}}$ であることが容易に示される．次に，コイル軸を x 軸とする半径 a のコイルが2つあり，一方が $x=l$，他方が $x=-l$ の位置に固定されているとする．両者に同じ向きの電流 I が流れているとき，コイル軸上の位置 x の観測点における磁場は

$$\frac{Ia^2}{2}\left[\frac{1}{\{(l+x)^2+a^2\}^{\frac{3}{2}}}+\frac{1}{\{(l-x)^2+a^2\}^{\frac{3}{2}}}\right]$$

と表される．これらのコイルが観測点付近にできるだけ均一な磁場をつくるためには，磁場を x の多項式で展開したときに x に依存する最初の項の係数が 0 になるようにすればよい．式を簡単にするために変数を $x=az$, $l=ar$ とおき，磁場を z の関数として表すと

$$H(z)=\frac{I}{2a}\left[\{(r+z)^2+1\}^{-\frac{3}{2}}+\{(r-z)^2+1\}^{-\frac{3}{2}}\right]$$
$$=\frac{I}{2a}(r^2+1)^{-\frac{3}{2}}\left[\{1+\alpha z(2r+z)\}^{-\frac{3}{2}}+\{1+\alpha z(-2r+z)\}^{-\frac{3}{2}}\right]$$

である．ただし $\alpha=(r^2+1)^{-1}$ とした．テイラー展開によれば，$|\epsilon|\ll 1$ のとき $(1+\epsilon)^{-\frac{3}{2}}\approx 1-\frac{3}{2}\epsilon+\frac{15}{8}\epsilon^2$ と近似できるので，これを用いると

$$H(z)\approx\frac{I}{2a}(r^2+1)^{-\frac{3}{2}}\left\{1-\frac{3}{2}\alpha z(2r+z)+\frac{15}{8}\alpha^2 z^2(2r+z)^2\right\}$$
$$+\frac{I}{2a}(r^2+1)^{-\frac{3}{2}}\left\{1-\frac{3}{2}\alpha z(-2r+z)+\frac{15}{8}\alpha^2 z^2(-2r+z)^2\right\}$$

となる．z の 2 次の項までを残すと $H(z)\approx\frac{I}{2a}(r^2+1)^{-\frac{3}{2}}\{2+(-3\alpha+15\alpha^2 r^2)z^2\}$ である．2 次の項が消えるためには $5\alpha r^2=1$ であればよい．これを解くと $r=\frac{1}{2}$ すなわち $a=2l$ が得られる．つまり，コイルの半径をコイル間の距離と等しく置いたときに，中心に最も均一な磁場が得られる．このようなコイルをヘルムホルツコイルという．

6.3 磁場の各成分を積分で表すと

$$H_x=\frac{I}{4\pi}\int_0^{2\pi}ar^{-2}\left(1+3\frac{a}{r}\sin\theta\cos\phi\right)\cos\phi\cos\theta\,d\phi$$

$$H_y=\frac{I}{4\pi}\int_0^{2\pi}ar^{-2}\left(1+3\frac{a}{r}\sin\theta\cos\phi\right)\sin\phi\cos\theta\,d\phi$$

$$H_z=\frac{I}{4\pi}\int_0^{2\pi}ar^{-3}\left(1+3\frac{a}{r}\sin\theta\cos\phi\right)(a-r\cos\phi\sin\theta)\,d\phi$$

となる．ここで $\int_0^{2\pi}d\phi=2\pi$, $\int_0^{2\pi}\cos\phi\,d\phi=0$, $\int_0^{2\pi}\sin\phi\,d\phi=0$, $\int_0^{2\pi}\cos\phi\sin\phi\,d\phi=0$, $\int_0^{2\pi}\cos^2\phi\,d\phi=\pi$ などを用いると，式 (6.28) が得られる．

演習問題略解 **229**

第7章

7.1 電流を I, 単位長さあたりの巻き数を n とするとソレノイド内部の磁場は $H = nI$ である。電流は磁場による力を受けるが、電流を境に磁場の大きさは H から 0 に変化するので、平均として電流には大きさ $\frac{H}{2}$ の磁場がかかっている。この磁場は電流に垂直なので、式 (7.1) によれば電流は単位長さあたり大きさ $\frac{1}{2}\mu HI$ の力を受ける。ソレノイドでは軸方向の単位長さあたりに電流が n 個積み重なっているので、単位面積あたりが受ける力は

$$\frac{1}{2}\mu n HI = \frac{1}{2}\mu H^2$$

となる。

7.2 電気伝導度は $\sigma = nq\mu$, ホール係数は $R_{\mathrm{H}} = \frac{1}{nq}$ であるので、これらの積により、移動度を $R_{\mathrm{H}}\sigma = \mu$ と実験から求めることができる。

7.3 オームの法則より、$I_0 = \frac{V_0}{R}$ とするとコイルを流れる電流は $I(t) = I_0 \sin \omega t$ となる。式 (7.4) より、コイルを流れる電流は磁場中で $I(t)BS \sin \omega t$ という力のモーメントを発生する。レンツの法則より、この力のモーメントは回転を妨げる向きにはたらくので、それを打ち消す力のモーメントを外部から与え続けないと、回転を維持することができない。角度が θ から $\theta + d\theta$ に変化する間に外部から加えた力のモーメントがする仕事は $dW = I_0 BS \sin^2 \omega t \cdot d\theta$ であるので、$d\theta = \omega\, dt$ を用いると単位時間あたりの仕事が

$$\frac{dW}{dt} = I_0 BS\omega \sin^2 \omega t = \frac{\{V(t)\}^2}{R}$$

と求まる。これは、電気抵抗 R で単位時間あたりに発生するジュール熱にちょうど等しい。つまり、発電機を回し続けるためには、失われる電気エネルギーに相当する仕事を供給し続けなければならない。

7.4 1 次コイル、2 次コイルを貫く磁束 Φ_1, Φ_2 はそれぞれ $\Phi_1 = L_1 I_1$, $\Phi_2 = L_2 I_2$ を満たす。また、コイル一巻あたりを貫く磁束を Φ, 1 次コイルと 2 次コイルの巻き数をそれぞれ N_1, N_2 とすると

$$\Phi_1 = N_1 \Phi, \quad \Phi_2 = N_2 \Phi$$

という関係がある。したがって 1 次コイルおよび 2 次コイルに発生する起電力はそれぞれ

$$V_1 = -\frac{d}{dt}\left(\Phi_1 + \frac{N_1}{N_2}\Phi_2\right) = -\frac{d}{dt}\left(L_1 I_1 + \frac{N_1}{N_2}L_2 I_2\right)$$

$$V_1 = -\frac{d}{dt}\left(\Phi_2 + \frac{N_2}{N_1}\Phi_1\right) = -\frac{d}{dt}\left(L_2 I_2 + \frac{N_2}{N_1}L_1 I_1\right)$$

であり、相互インダクタンス M が $M = \frac{N_2}{N_1}L_1 = \frac{N_1}{N_2}L_2$ という関係を満たすことを用いると式 (7.44) が得られる。

230 演習問題略解

第8章

8.1 キルヒホッフの第2法則より $\frac{Q}{C} = RI + L\frac{dI}{dt}$ である。これに $I = -\frac{dQ}{dt}$ を代入すると，微分方程式

$$L\frac{d^2Q}{dt^2} + R\frac{dQ}{dt} + \frac{1}{C}Q = 0 \tag{B.2}$$

が得られる。特殊解を $Q = e^{\lambda t}$ と仮定して式 (B.2) に代入すると $L\lambda^2 + R\lambda + \frac{1}{C} = 0$ となり，解の公式より

$$\lambda = -\frac{R}{2L} \pm \frac{1}{2L}\sqrt{R^2 - 4\frac{L}{C}}$$

となる。ここで $\alpha = \frac{R}{2L}$, $\beta = \frac{1}{2L}\sqrt{4\frac{L}{C} - R^2}$ とおくと，一般解は $Q = A_1 e^{-\alpha t + i\beta t} + A_2 e^{-\alpha t - i\beta t}$ となり，このうち実数になる解は

$$Q(t) = Ae^{-\alpha t}\cos(\beta t + \gamma)$$

と書くことができる。これは振動の振幅が時刻とともに減衰する減衰振動を表す。電流は

$$I(t) = -\frac{dQ}{dt} = A\big(\alpha e^{-\alpha t}\cos(\beta t + \gamma) + \beta e^{-\alpha t}\sin(\beta t + \gamma)\big)$$

である。後は $Q(0) = Q_0$, $I(0) = 0$ を満たすように A および γ を決めるには $A = \frac{\sqrt{\alpha^2 + \beta^2}}{\beta}Q_0$, $\tan\gamma = -\frac{\alpha}{\beta}$ とすればよい。

8.2 トランスに交流電流が流れているときには，式 (7.44) において1次コイル，2次コイルに流れる電流を $I_1 e^{j\omega t}$, $I_2 e^{j\omega t}$ と書き直し，1次コイル，2次コイルの両端の電圧をそれぞれ $V_1 e^{j\omega t}$, $V_2 e^{j\omega t}$ と書き直すと

$$V_1 = -j\omega(L_1 I_1 + M I_2) \tag{B.3}$$

$$V_2 = -j\omega(M I_1 + L_2 I_2) \tag{B.4}$$

となる。2次コイルに抵抗 R をつなぐと $V_2 = RI_2$ であるのでこれを式 (B.4) に代入すると $RI_2 = -j\omega(MI_1 + L_2 I_2)$ となり

$$I_2 = \frac{M}{\frac{jR}{\omega} - L_2}I_1 \tag{B.5}$$

が得られる。これを式 (B.3) に代入して整理すると

$$V_1 = -\frac{j\omega L_1 R}{R + j\omega L_2}I_1$$

となる。電源は V_1 に逆らって電流を流さなければならないので，電源は単位時間あたり平均

$$\overline{P} = -\frac{1}{2}\operatorname{Re}\{I_1 V_1^*\} = \frac{1}{2}|I_1|^2\frac{\omega^2 M^2 R}{R^2 + (\omega L_2)^2}$$

演習問題略解　　　　**231**

という仕事をしなければならない。式 (B.5) を用いると，結局 $\overline{P} = \frac{1}{2}|I_2|^2 R$ となり，抵抗で消費される電力に等しいことが示される。

8.3　合成インピーダンスは

$$Z = \left(\frac{1}{R} + \frac{1}{j\omega L} + j\omega C\right)^{-1} = \left\{\frac{1}{R} + j\left(\omega C - \frac{1}{\omega L}\right)\right\}^{-1}$$

となる。$\omega = \frac{1}{\sqrt{LC}}$ のときに $|Z|$ は最大値をとる。

第9章

9.1　例えばある場所で電位が極小値をとるためには，その場所で $\frac{\partial}{\partial x}\phi = 0$，$\frac{\partial}{\partial y}\phi = 0$，$\frac{\partial}{\partial z}\phi = 0$ であり，さらに $\frac{\partial^2}{\partial x^2}\phi > 0$，$\frac{\partial^2}{\partial y^2}\phi > 0$，$\frac{\partial^2}{\partial z^2}\phi > 0$ が成り立たなくてはならない。これはその場所で $\nabla^2\phi > 0$ が成り立つことを意味するが，ポアソン方程式 (9.25) より，その場所に電荷がない状態では絶対に満たされない。これを**アーンショウの定理**という。

9.2　$\frac{\bm{r}-\bm{s}}{|\bm{r}-\bm{s}|^3} = \nabla\left(\frac{1}{|\bm{r}-\bm{s}|}\right)$ であり（ここでの ∇ は $\bm{s}$ に関するものとする），さらに付録 A のベクトル解析の恒等式 (A.39) を用いると

$$\phi(\bm{r}) = \frac{1}{4\pi\varepsilon_0}\iiint\left(\mathrm{div}\left(\frac{\bm{P}(\bm{s})}{|\bm{r}-\bm{s}|}\right) + \frac{-\mathrm{div}\,\bm{P}(\bm{s})}{|\bm{r}-\bm{s}|}\right)dV$$

となる。第 1 項の積分はガウスの定理 (A.27) により $\frac{1}{4\pi\varepsilon_0}\iint\frac{\bm{P}(\bm{s})}{|\bm{r}-\bm{s}|}\cdot d\bm{S}$ と書き直せるが，無限遠で $\bm{P}(\bm{s}) = 0$ なので消える。よって式 (9.18) が示された。

9.3　それぞれのゲージで表したベクトルポテンシャルは，スカラー場 χ を用いて $\bm{A}_{\mathrm{L}} = \bm{A}_{\mathrm{C}} + \nabla\chi$ のように変換されるはずである。この χ を求める方法を考える。ローレンツゲージの定義式 (9.43) により $\mathrm{div}\,\bm{A}_{\mathrm{L}} + \frac{1}{c^2}\frac{\partial\phi}{\partial t} = 0$ である。したがって

$$\mathrm{div}(\bm{A}_{\mathrm{C}} + \nabla\chi) + \frac{1}{c^2}\frac{\partial\phi}{\partial t} = 0$$

となり，式 (9.42) $\mathrm{div}\,\bm{A}_{\mathrm{C}} = 0$ を用いると $\nabla^2\chi + \frac{1}{c^2}\frac{\partial\phi}{\partial t} = 0$ が得られる。これが χ を求めるための条件式である。

第10章

10.1　式 (10.39) の右辺の 1 つ目の積分を以下のように 3 つに分ける。

$$\int_0^{+\infty}\int_{(\sqrt{u_1}-a)^2}^{(\sqrt{u_1}+a)^2} f(u_1, u_2)\,du_2 du_1 = I_{0a} + I_{0b} + I_{0c}$$

とする。ここで

$$I_{0a} = \int_0^{+\infty}\int_{(\sqrt{u_1}-a)^2}^{(\sqrt{u_1}+a)^2} u_1^{-\frac{1}{2}} u_2^{-\frac{3}{2}}\,du_2 du_1$$

$$I_{0b} = \int_0^{+\infty} \int_{(\sqrt{u_1}-a)^2}^{(\sqrt{u_1}+a)^2} u_1^{-\frac{3}{2}} u_2^{-\frac{1}{2}} \, du_2 du_1$$

$$I_{0c} = -a^2 \int_0^{+\infty} \int_{(\sqrt{u_1}-a)^2}^{(\sqrt{u_1}+a)^2} u_1^{-\frac{3}{2}} u_2^{-\frac{3}{2}} \, du_2 du_1$$

とした. まず $I_{0a} = \int_0^{+\infty} u_1^{-\frac{1}{2}} \left[-2u_2^{-\frac{1}{2}} \right]_{(\sqrt{u_1}-a)^2}^{(\sqrt{u_1}+a)^2} du_1$ であり,

$$\left[-2u_2^{-\frac{1}{2}} \right]_{(\sqrt{u_1}-a)^2}^{(\sqrt{u_1}+a)^2} = -2 \left(\frac{1}{\sqrt{u_1}+a} - \frac{1}{|\sqrt{u_1}-a|} \right)$$

$$= \begin{cases} \dfrac{-4\sqrt{u_1}}{u_1 - a^2} & (u_1 < a^2) \\[3mm] \dfrac{4a}{u_1 - a^2} & (u_1 \geq a^2) \end{cases}$$

であることを用いると

$$I_{0a} = \int_0^{a^2} \left(-\frac{4}{u_1 - a^2} \right) du_1 + \int_{a^2}^{\infty} \frac{4a}{\sqrt{u_1}(u_1 - a^2)} \, du_1$$

となる. 同様の手法により,

$$I_{0b} = \int_0^{a^2} \frac{4}{u_1} \, du_1 + \int_{a^2}^{+\infty} \frac{4a}{u_1^{\frac{3}{2}}} \, du_1$$

および

$$I_{0c} = -a^2 \int_0^{a^2} \frac{-4}{u_1(u_1 - a^2)} \, du_1 - a^2 \int_{a^2}^{+\infty} \frac{4a}{u_1^{\frac{3}{2}}(u_1 - a^2)} \, du_1$$

が得られる. 以上をまとめると,

$$I_{0a} + I_{0b} + I_{0c} = \int_0^{a^2} \left\{ -\frac{4}{u_1 - a^2} + \frac{4}{u_1} + \frac{4a^2}{u_1(u_1 - a^2)} \right\} du_1$$

$$+ \int_{a^2}^{+\infty} \left\{ -\frac{4a}{\sqrt{u_1}(u_1 - a^2)} + \frac{4a}{u_1^{\frac{3}{2}}} - \frac{4a^3}{u_1^{\frac{3}{2}}(u_1 - a^2)} \right\} du_1$$

となる. 右辺の 1 つ目の積分の被積分関数は 0 になり, 2 つ目の積分の被積分関数は $\frac{8a}{u_1^{\frac{3}{2}}}$ であるので, 結局

$$I_{0a} + I_{0b} + I_{0c} = 8a \int_{a^2}^{+\infty} u_1^{-\frac{3}{2}} \, du_1 = 8a \left[-2u_1^{-\frac{1}{2}} \right]_{a^2}^{+\infty} = 16$$

となる. 式 (10.39) の右辺の 2 つ目および 3 つ目の積分の計算では, $b_1 < a$, $b_2 < a$ であることを考慮し, 上と同様の手法を用いるとそれぞれ 0 になるので, 結局 $I = 16$ が示された.

演習問題略解 **233**

10.2 1 章の演習問題 1.4 の式 (1.40) を用いると，電場の大きさの 2 乗は球の内側で $E^2 = \left(\frac{\sigma_0}{3\varepsilon}\right)^2$ となり，球の外側で $E^2 = \frac{\sigma_0^2 a^6}{9\varepsilon^2} \frac{1}{r^6}(1 + 3\cos^2\theta)$ となる．したがって，球の内側では

$$\iiint E^2 \, dV = \frac{1}{3} 4\pi a^3 \left(\frac{\sigma_0}{3\varepsilon}\right)^2 = \frac{4\pi\sigma_0^2 a^3}{27\varepsilon^2} \tag{B.6}$$

であり，球の外側では

$$\iiint E^2 \, dV = \frac{\sigma_0^2 a^6}{9\varepsilon^2} \int_0^{2\pi} \int_0^{\pi} \int_a^{+\infty} \frac{1}{r^6}(1 + 3\cos^2\theta) r^2 \sin\theta \, dr d\theta d\phi$$

$$= 2\pi \frac{\sigma_0^2 a^6}{9\varepsilon^2} \frac{1}{3a^3} \left(\left[-\cos\theta\right]_0^{\pi} + \left[-\frac{1}{3} t^3\right]_1^{-1} \right) = \frac{8\pi\sigma_0^2 a^3}{27\varepsilon^2} \tag{B.7}$$

となる．式 (B.6) と式 (B.7) を合わせて考えると，全空間における電場のエネルギーは $\frac{1}{2} \varepsilon \iiint E^2 \, dV = \frac{2\pi\sigma_0^2 a^3}{9\varepsilon}$ となる．

10.3 任意の閉曲面を貫くエネルギーの流れはポインティングベクトルを用いて $\iint (\boldsymbol{E} \times \boldsymbol{H}) \cdot d\boldsymbol{S}$ と表される．ガウスの定理 (A.27) よりこれは $\iiint \mathrm{div}\,(\boldsymbol{E} \times \boldsymbol{H}) \, dV$ であり，式 (10.3) によれば $-\frac{\partial}{\partial t} \iiint \left(\frac{1}{2}\varepsilon_0 E^2 + \frac{1}{2\mu_0} B^2\right) dV$ と変形できる．静電場と静磁場のみが存在するときにはこれは 0 である．

第 11 章

11.1 垂直二等分面上の点 P から電荷どうしを結ぶ直線に下ろした垂線の長さを l とすると，点 P における電場の大きさは，電荷が同符号の場合には

$$E_1 = \frac{q^2}{2\pi\varepsilon_0} \frac{l}{\{l^2 + (\frac{r}{2})^2\}^{\frac{3}{2}}}$$

であり，電荷が異符号の場合には

$$E_2 = \frac{q^2}{2\pi\varepsilon_0} \frac{\frac{r}{2}}{\{l^2 + (\frac{r}{2})^2\}^{\frac{3}{2}}}$$

である．電荷が同符号の場合には電場は垂直二等分面に平行，異符号の場合は垂直である．垂直二等分面にはたらく力はマクスウェルの応力を面全体で積分したものであるので，それぞれ

$$F_1 = \frac{1}{2} \varepsilon_0 \iint E_1^2 \, dS \tag{B.8}$$

および

$$F_2 = \frac{1}{2} \varepsilon_0 \iint E_2^2 \, dS \tag{B.9}$$

であり，前者は垂直二等分面を押す力，後者は引っ張る力である．式 (B.8) を具体的に計

234 演習問題略解

算すると

$$F_1 = \frac{1}{2}\varepsilon_0 \left(\frac{q}{2\pi\varepsilon_0}\right)^2 \int_0^{2\pi}\int_0^{+\infty} \frac{l^2}{\{l^2 + (\frac{r}{2})^2\}^3}\, l\,dl\,d\phi$$

$$= \frac{1}{2}\varepsilon_0 \left(\frac{q}{2\pi\varepsilon_0}\right)^2 2\pi \left(\frac{2}{r}\right)^2 \int_0^{+\infty} \frac{x^3}{(x^2+1)^3}\, dx \tag{B.10}$$

となる。ここで $x = \frac{2l}{r}$ とおいた。$x = \tan\theta$, さらに $\sin\theta = t$ と変数変換すると

$$\int_0^{+\infty} \frac{x^3}{(x^2+1)^3}\, dx = \int_0^1 t^3\, dt = \frac{1}{4}$$

となる。これを式 (B.10) に代入すると $F_1 = \frac{q^2}{4\pi\varepsilon_0 r^2}$ が得られる。これは同符号の電荷にはたらく斥力にほかならない。

同様に

$$F_2 = \frac{1}{2}\varepsilon_0 \left(\frac{q}{2\pi\varepsilon_0}\right)^2 2\pi \left(\frac{2}{r}\right)^2 \int_0^{+\infty} \frac{x}{(x^2+1)^3}\, dx$$

となり, $\int_0^{+\infty} \frac{x}{(x^2+1)^3}\, dx = \frac{1}{4}$ なので $F_2 = \frac{q^2}{4\pi\varepsilon_0 r^2}$ である。これは異符号の電荷にはたらく引力である。

11.2 式 (11.21) に $\boldsymbol{E} = (E_x, E_y, E_z)$ および $\boldsymbol{n} = (n_x, n_y, n_z)$ を代入すると, 応力は

$$\begin{pmatrix} \varepsilon(E_x n_x + E_y n_y + E_z n_z)E_x - \frac{1}{2}\varepsilon E^2 n_x \\ \varepsilon(E_x n_x + E_y n_y + E_z n_z)E_y - \frac{1}{2}\varepsilon E^2 n_y \\ \varepsilon(E_x n_x + E_y n_y + E_z n_z)E_z - \frac{1}{2}\varepsilon E^2 n_z \end{pmatrix}$$

$$= \varepsilon \begin{pmatrix} (E_x^2 - \frac{1}{2}E^2)n_x + E_x E_y n_y + E_x E_z n_z \\ E_y E_x n_x + (E_y^2 - \frac{1}{2}E^2)n_y + E_y E_z n_z \\ E_z E_x n_x + E_z E_y n_y + (E_z^2 - \frac{1}{2}E^2)n_z \end{pmatrix}$$

$$= \frac{1}{2}\varepsilon \begin{pmatrix} 2E_x^2 - E^2 & 2E_x E_y & 2E_x E_z \\ 2E_y E_x & 2E_y^2 - E^2 & 2E_y E_z \\ 2E_z E_x & 2E_z E_y & 2E_z^2 - E^2 \end{pmatrix} \begin{pmatrix} n_x \\ n_y \\ n_z \end{pmatrix}$$

と書ける。よって示された。

11.3 円筒軸から観測点までの距離を r とする。アンペールの法則によれば, 円筒の外側には大きさ $\frac{I}{2\pi r}$ の磁場が存在し, 内側には磁場は存在しない。つまり円筒を境に磁場の大きさは $H = \frac{I}{2\pi a}$ だけ急激に変化している。磁場は円筒の表面に平行なため, 円筒には外部から内部に向かうマクスウェルの応力がはたらき, その大きさは

$$\frac{1}{2}\mu_0 H^2 = \frac{1}{2}\mu_0 \left(\frac{I}{2\pi a}\right)^2$$

演習問題略解　　　**235**

である．つまり円筒は単位面積当たりこの大きさの力で外部から押されている．

第 12 章

12.1　円偏光は互いに位相が $\frac{\pi}{2}$ ずれた，互いに直交する直線偏光の重ね合わせとして理解することができる．複素数を用いると，位相が $\frac{\pi}{2}$ ずれた波は虚数単位 i をかけたものに等しい．以上より，円偏光の入射波は $E_{\mathrm{Is}} = E$ および $E_{\mathrm{Ip}} = iE$ として表すことができる．式 (12.68) および式 (12.70) によると，ブルースター角を満たす条件のときの反射波は

$$E_{\mathrm{Rs}} = -\sin(\alpha - \beta)E_{\mathrm{Is}}, \quad E_{\mathrm{Rp}} = 0$$

となり，反射波は境界面に平行な偏光面をもつ直線偏光であることがわかる．

12.2　式 (9.31) を用いると

$$\nabla^2 \boldsymbol{E} = \frac{1}{r^2}\frac{d}{dr}\left[r^2\frac{d}{dr}\left\{\frac{1}{r}\cos\left(\omega\left(t - \frac{r}{c}\right)\right)\right\}\right]\boldsymbol{e}$$

$$= \frac{1}{r^2}\frac{d}{dr}\left\{-\cos\left(\omega\left(t - \frac{r}{c}\right)\right) + \frac{\omega}{c}r\sin\left(\omega\left(t - \frac{r}{c}\right)\right)\right\}\boldsymbol{e}$$

$$= -\left(\frac{\omega}{c}\right)^2\frac{1}{r}\cos\left(\omega\left(t - \frac{r}{c}\right)\right)\boldsymbol{e}$$

となる．一方，$\frac{\partial^2}{\partial t^2}\boldsymbol{E} = -\omega^2\frac{1}{r}\cos(\omega(t - \frac{r}{c}))\boldsymbol{e}$ なので $\left(\nabla^2 - \frac{1}{c^2}\frac{\partial^2}{\partial t^2}\right)\boldsymbol{E} = \boldsymbol{0}$ が示された．

12.3　電場の方向に x 軸を，磁場の方向に y 軸をとる．$z < 0$ において入射波の電場および磁場はそれぞれ $E_1 e^{ik_0 z}e^{-i\omega t}$，$\frac{k}{\mu\omega}E_1 e^{ik_0 z}e^{-i\omega t}$，反射波の電場と磁場はそれぞれ $E_2 e^{-ik_0 z}e^{-i\omega t}$，$-\frac{k}{\mu\omega}E_2 e^{-ik_0 z}e^{-i\omega t}$ と表すことができる．式 (12.74) より $z > 0$ での物質内での電場と磁場を

$$E_0 e^{i(\alpha + i\beta)z}e^{-i\omega t}, \quad \frac{\alpha + i\beta}{\mu\omega}E_0 e^{(\alpha + i\beta)z}e^{-i\omega t}$$

と表すと，$z = 0$ での電場および磁場の接続条件から

$$E_1 = \frac{k_0 + \alpha + i\beta}{2k_0}E_0, \quad E_2 = \frac{k_0 - \alpha - i\beta}{2k_0}E_0$$

が得られる．入射波と反射波のエネルギーの比は

$$\frac{|E_2|^2}{|E_1|^2} = \frac{(k_0 - \alpha)^2 + \beta^2}{(k_0 + \alpha)^2 + \beta^2}$$

となり，σ が十分大きい場合に 1 に近づく．つまり，電気伝導度が大きい物質では電磁波はほぼ全反射される．

第13章

13.1 $\omega \to 0$ の場合には式 (13.48) の第 1 項が主要項となる．これを式 (3.11) と比較すると，時間的に変化しない電気双極子が発生させる静電場と同じものとみなすことができる．一方，式 (13.51) に関しては第 1 項の ω に比例する項が主要項となる．ここで，式 (13.37) を用いると，この項は $\boldsymbol{B}(x,y,z,t) = -\frac{\mu_0 Il}{4\pi r^3}(y,-x,0)$ これは定常電流が発生させる磁場を表すビオ–サバールの法則に一致する．

13.2 式 (13.77) を全立体角について積分すると

$$\sigma = \int_0^{2\pi} \int_0^{\pi} \frac{1}{2}(1+\cos^2\Theta)\left(\frac{e^2}{4\pi\varepsilon_0 mc^2}\right)^2 \sin\Theta\, d\Theta d\Phi$$
$$= \frac{1}{2}2\pi \left(\frac{e^2}{4\pi\varepsilon_0 mc^2}\right)^2 \int_0^{\pi} (1+\cos^2\Theta)\sin\Theta\, d\Theta$$

となる．このうち積分の部分は $\left[-\cos\Theta\right]_0^{\pi} + \left[-\frac{1}{3}t^3\right]_1^{-1} = \frac{8}{3}$（ここで，$t=\cos\Theta$ とした）なので $\sigma = \frac{8}{3}\pi\left(\frac{e^2}{4\pi\varepsilon_0 mc^2}\right)^2 = \frac{e^4}{6\pi\varepsilon_0^2 m^2 c^4}$ となり，式 (13.69) に一致する．

13.3 (1) 屈折角を β とすると，図 B.1 より $\theta = 4\beta - 2\alpha$ である．スネルの法則 (12.45) より $\sin\alpha = n\sin\beta$ であるので

$$\theta(\alpha) = 4\sin^{-1}\left(\frac{1}{n}\sin\alpha\right) - 2\alpha \tag{B.11}$$

となる．

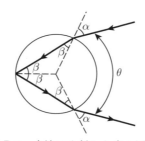

図 B.1 水滴に入射した光の屈折．

(2) $\theta(\alpha)$ が極値をとる条件を求めればよい．$\frac{d\theta}{d\alpha} = 0$ より，極値をとる場合には $2d\beta = d\alpha$ が満たされる．スネルの法則より $\cos\alpha\, d\alpha = n\cos\beta\, d\beta$ であるので，極値をとる場合には

$$2\cos\alpha = n\cos\beta \tag{B.12}$$

が成り立つ．$\sin\alpha = t$ とおくと式 (B.12) は $4(1-t^2) = n^2\left(1-\frac{t^2}{n^2}\right)$ となる．これ

演習問題略解　　　**237**

を t について解くと $t = \sqrt{\frac{4-n^2}{3}}$．これを式 (B.11) に代入すると，$\theta$ の極値が $\theta_0 = 4\sin^{-1}\!\left(\frac{1}{n}\sqrt{\frac{1}{3}(4-n^2)}\right) - 2\sin^{-1}\!\left(\sqrt{\frac{1}{3}(4-n^2)}\right)$ と求まる．

　(3)　n に 1.33, 1.34 を代入して計算すると，θ_0 はそれぞれ 42.5°, 41.1° となる．このように太陽光が反射しやすい角度が色ごとに異なるため，虹が現れる．

第14章

14.1　例えば $t=0$ のときに物体の x 座標が $x=0$ だとすると，物体の位置は $txyz$ 系で $(x, y, z) = (ut, 0, 0)$ である．これをローレンツ変換すると，式 (14.17) より

$$t' = \gamma t - \frac{v}{c^2}\gamma(ut), \quad x' = -\gamma vt + \gamma(ut)$$

である．$\frac{x'}{t'}$ が $t'x'y'z'$ 系で眺めた速度 u' なので，$u' = \frac{-\gamma vt + \gamma ut}{\gamma t - (\frac{v}{c^2})\gamma ut} = \frac{u-v}{1-\frac{uv}{c^2}}$ となる．この式でためしに $u=c$ とすると $u'=c$ となる．これは光速不変の原理を表す．

14.2　棒の端点を点 A，点 B と名づける．$txyz$ 系での点 A，点 B の x 座標をそれぞれ $x=0$, $x=L$ とする．式 (14.17) より $t'x'y'z'$ 系で点 A は

$$t' = \gamma t$$
$$x' = -\gamma vt \tag{B.13}$$

点 B は

$$t' = \gamma t - \frac{v}{c^2}\gamma L$$
$$x' = -\gamma vt + \gamma L \tag{B.14}$$

にそれぞれ観測される．$t'x'y'z'$ 系における長さを考える際には，t' が同じ瞬間における点 A と点 B の距離を求めなければならない．例えば $t'=0$ の瞬間の点 A は $x'=0$ に観測される．一方，式 (B.14) の第 1 式より，$t'x'y'z'$ 系で点 B を $t'=0$ に観測する瞬間は $txyz$ 系での時刻 $t = \frac{v}{c^2}L$ に対応する．これを第 2 式に代入すると，時刻 $t'=0$ における点 B の位置は $x' = -\frac{v^2}{c^2}\gamma L + \gamma L = \sqrt{1-\left(\frac{v}{c}\right)^2}\,L$ となる．つまり，運動している座標系から見れば棒の長さは $\sqrt{1-\left(\frac{v}{c}\right)^2}$ 倍され，縮んだように見える．これを**ローレンツ収縮**という．

14.3　まず電場のローレンツ変換を求める．$E_x' = -\frac{\partial}{\partial x'}\phi' - \frac{\partial}{\partial t'}A_x'$ であり，具体的には

$$E_x' = -\left(\gamma\frac{\partial}{\partial x} + \frac{v\gamma}{c^2}\frac{\partial}{\partial t}\right)(\gamma\phi - \gamma v A_x) - \left(\gamma v\frac{\partial}{\partial x} + \gamma\frac{\partial}{\partial t}\right)\left(-\frac{v\gamma}{c^2}\phi + \gamma A_x\right)$$

と書き直せる．これを整理すると，$E_x' = \gamma^2\left(\frac{v^2}{c^2}-1\right)\frac{\partial\phi}{\partial x} + \gamma^2\left(1-\frac{v^2}{c^2}\right)\frac{\partial A_x}{\partial t} = E_x$ となる．一方，

238　　　　　　　　　演習問題略解

$$E_y' = -\frac{\partial}{\partial y}\left(\gamma\phi - \gamma v A_x\right) - \left(\gamma v \frac{\partial}{\partial x} + \gamma \frac{\partial}{\partial t}\right) A_y$$

$$= \gamma E_y + \gamma v \left(\frac{\partial A_x}{\partial y} - \frac{\partial A_y}{\partial x}\right) = \gamma(E_y - v B_z)$$

となる．同様に $E_z' = \gamma(E_z + v B_y)$ も得られる．磁束密度については $B_x' = \frac{\partial A_z'}{\partial y'} - \frac{\partial A_y'}{\partial z'} = \frac{\partial A_z}{\partial y} - \frac{\partial A_y}{\partial z} = B_x$ であり，

$$B_y' = \frac{\partial A_x'}{\partial z'} - \frac{\partial A_z'}{\partial x'} = \frac{\partial}{\partial z}\left(-\frac{v\gamma}{c^2}\phi + \gamma A_x\right) - \left(\gamma\frac{\partial}{\partial x} + \frac{v\gamma}{c^2}\frac{\partial}{\partial t}\right) A_z$$

$$= \frac{v\gamma}{c^2}\left(-\frac{\partial\phi}{\partial z} - \frac{\partial A_z}{\partial t}\right) + \gamma\left(\frac{\partial A_x}{\partial z} - \frac{\partial A_z}{\partial x}\right) = \frac{v\gamma}{c^2}E_z + \gamma B_y$$

となる．同様の計算により $B_z' = -\frac{v\gamma}{c^2}E_y + \gamma B_z$ も導かれる．以上をまとめたのが式 (14.62)〜(14.67) である．

14.4　波を $txyz$ 系で眺めたときに，隣り合う山の位置どうしの距離を Δx，それらが同じ場所を通過するときの時間差を Δt とすると，$t'x'y'z'$ 系で眺めたときの距離および時間差は，ローレンツ変換 (14.17) により

$$\Delta t' = \gamma\,\Delta t - \frac{v}{c^2}\gamma\,\Delta x \tag{B.15}$$

$$\Delta x' = -\gamma v\,\Delta t + \gamma\,\Delta x \tag{B.16}$$

である．波の速さは c なので，$\Delta x = c\,\Delta t$ という関係がある．これを式 (B.15) に代入すると $\Delta t' = \gamma\,\Delta t - \frac{v}{c^2}\gamma c\,\Delta t = \gamma(1 - \frac{v}{c})\Delta t$ である．$txyz$ 系，$t'x'y'z'$ 系における周波数を f, f' と書くと $f = \frac{1}{\Delta t}$, $f' = \frac{1}{\Delta t'}$ なので $f' = \frac{\sqrt{1+\frac{v}{c}}}{\sqrt{1-\frac{v}{c}}} f$ となる．これが光のドップラー効果の式であり，音などの場合と異なる．

索　　引

あ 行

アーンショウの定理　231
圧電性　39
圧電素子　39
アンペア　42, 54
アンペールの法則　67
アンペールの法則の微分形　113
アンペア毎メートル　42
位相　104, 157
位置エネルギー　12
1 次コイル　91
一様電場　5
易動度　59
因果律　180
インピーダンス　104
引力　2
ウェーバー　42
渦度　219
永久磁石　52
永久双極子　38
永久電流　70
遠隔作用　4
エントロピー　49
円偏光　162
オイラーの公式　103
応力　141
オーム　58
オームの法則　58

か 行

回転　217
回路　96
回路素子　96
ガウスの定理　216

ガウスの法則　23
ガウスの法則の微分形　112
角周波数　103, 157
角振動数　157
重ね合わせの原理　6
荷電粒子　2
ガリレイ変換　192
慣性系　193
完全反磁性　50
緩和時間　58
起電力　86
キャリアー　54
球面波　184
キュリー定数　49
キュリーの法則　49
強磁性体　51
鏡像法　225
共変ベクトル　199
強誘電性　39
強誘電体　39
極性分子　38
虚数単位　103
キルヒホッフの第 1 法則　96
キルヒホッフの第 2 法則　96
近接作用　4
金属　54
クーロン　2
クーロンゲージ　121
クーロンの法則　2
クーロン力　2
屈折　167
屈折角　166
屈折波　165
屈折率　167

240　　　　　　　　　　索　　引

ゲージ　120
原子核　54
硬磁性材料　52
合成インダクタンス　99
合成インピーダンス　104
合成抵抗　98
合成静電容量　99
光速　161
光速不変の原理　194
勾配　10, 210
交流電圧　88
コンデンサー　26

さ 行

サイクロトロン運動　82
サイクロトロン振動数　82
作用・反作用　79
散乱　187
散乱断面積　187
残留磁化　51
磁化　47
磁界　42
磁化率　48
磁気　42
磁気感受率　48
磁気記録材料　52
磁気双極子　45
磁気単極子　42
磁気に関するクーロンの法則　42
磁気モーメント　45
磁極　42
磁気量　42
磁区　51
自己インダクタンス　89
自己誘導　89
磁性体　47
磁束　44
磁束の量子化　70
磁束密度　44
質量電荷比　82
時定数　100
磁場　42
自発磁化　51
磁壁　51

自由エネルギー　49
周期　157
終端速度　58
自由電子　54, 176
周波数　103, 157
ジュール　12
ジュール熱　62
常磁性体　49
焦電性　39
常誘電性　38
常誘電体　38
磁力線　44
真空の透磁率　42
真空の誘電率　2
真電荷　35
振動数　157
吸い込み　214
垂直応力　141
スカラー　210
スカラー場　210
ストークスの定理　219
スネルの法則　167
スピン　49, 75
正孔　54
静止エネルギー　204
静電エネルギー　27, 126
静電気　2
静電遮蔽　31
静電場　5
静電誘導　30
静電容量　26
斥力　2
絶縁体　35
絶対屈折率　167
絶対静止系　193
線形近似　217
先進ポテンシャル　180
せん断応力　144
全断面積　187
全反射　167
線密度　7
双極子放射　185
相互インダクタンス　91
相互誘導　91

索　　引　　　　**241**

ソレノイド　　71

た　行

対称性　　24
帯磁率　　48
帯電　　2
ダイバージェンス　　214
楕円偏光　　162
遅延ポテンシャル　　180
中性子　　54
超伝導　　70
超伝導体　　50
直線偏光　　162
直列つなぎ　　98
抵抗成分　　104
抵抗力　　58
定常電流　　64
定電圧電源　　96
定電流電源　　96
テスラ　　44
電圧　　15
電圧計　　15
電圧降下　　97
電位　　10
電荷　　2
電界　　4
電荷保存則　　55
電荷保存則の微分形　　114
電荷密度　　6
電気　　2
電気感受率　　38
電気双極子　　33
電気素量　　54
電気抵抗　　58
電気抵抗率　　61
電気伝導度　　60
電気力線　　19
電気量　　2
電子　　54
電磁波　　159
電磁場テンソル　　116
電磁ポテンシャル　　205
電磁誘導　　86
電信方程式　　171

電束　　18
電束電流　　57
電束電流密度　　57
電束密度　　18
電池　　15
点電荷　　2
電動機　　80
電場　　4
電離層　　177
電流　　42, 54
電流密度　　54
電力　　62
統計力学　　49
透磁率　　42
導線　　54
導体　　30
導通　　30
等電位面　　14
ドープ　　54
特殊相対性理論　　195
閉じた経路　　12
トムソン散乱　　187
ドメイン　　51
トランス　　91

な　行

ナブラ　　211
軟磁性材料　　52
2次コイル　　91
入射角　　166
入射波　　165
ニュートン毎クーロン　　5

は　行

波数　　157
波数ベクトル　　157
波長　　158
発散　　214
発電機　　15, 88
波動　　157
波動帯　　184
波動方程式　　156
反磁性体　　50
反磁場　　52

反射角 166
反射波 165
半導体 54
反変ベクトル 201
ピエゾ素子 39
ビオ–サバールの法則 65
ヒステリシス 51
ヒステリシスループ 51
皮相電力 107
比抵抗 61
比透磁率 42
微分断面積 188
微分方程式 100
比誘電率 3
ファラッド 26
ファラッド毎メートル 2
ファラデーの電磁誘導の法則 86
ファラデーの電磁誘導の法則の微分形
 113
複素数 103
複素数平面 103
プラズマ振動数 176
プランク定数 75
ブルースター角 170
フレネルの式 170
フレミングの左手の法則 78
分極 35
分極電荷 35
分散 174
平行板コンデンサー 26
平面波 158
並列つなぎ 98
ベクトル 210
ベクトル場 4, 210
ベクトルポテンシャル 120
変圧器 91
変位電流 57
変位電流密度 57
偏光 162
偏光面 162
ヘンリー 42, 89
ポアソン方程式 117
ポインティングベクトル 131
法線ベクトル 20

ボーア磁子 75
ホール 54
ホール係数 84
ホール効果 84
ホール伝導度 85
ホール電場 84
保磁力 51
ポテンシャルエネルギー 12
ボルト 10
ボルト毎メートル 5

ま 行

マクスウェルの応力 141
マクスウェルの応力テンソル 146
マクスウェルの方程式 113
右ねじの法則 64
無限遠 11
面積ベクトル 21
面密度 7
モーター 80

や 行

ヤコビアン 133
有効電力 107
誘電体 35
誘電分極 37
誘電率 2
誘導起電力 86
誘導電場 86
誘導電流 87
陽子 54
横波 158
4元運動量 203
4元電流密度 205
4元ベクトル 202

ら 行

ラプラシアン 117
ラプラス方程式 117
リアクタンス 104
力率 107
立体角 68
流速ベクトル 213
流束密度ベクトル 213

量子力学　75
履歴現象　51
臨界角　167
レイリー散乱　188
連続の方程式　215
レンツの法則　87
ローテーション　217
ローレンツゲージ　121
ローレンツ収縮　237
ローレンツ不変量　198
ローレンツ変換　197
ローレンツ力　81

わ 行
湧き出し　214

欧字
LC 回路　101
N 極　42
RC 回路　100
RLC 回路　105
S 極　42

著者略歴

佐藤 博彦

1993 年　京都大学大学院理学研究科博士後期課程修了
現　　在　中央大学理工学部物理学科教授　博士（理学）

主要著書
理工学の基礎としての力学（培風館，2016）

新・工科系の物理学＝ TKP-3

工学基礎 電磁気学

2019 年 9 月 10 日 ⓒ　　　　　　　　初 版 発 行

著　者　佐藤博彦　　　　　　発行者　矢 沢 和 俊
　　　　　　　　　　　　　　印刷者　大 道 成 則
　　　　　　　　　　　　　　製本者　米 良 孝 司

【発行】　株式会社　数 理 工 学 社

〒151-0051　東京都渋谷区千駄ヶ谷 1 丁目 3 番 25 号
編集 ☎ (03)5474-8661（代）　　サイエンスビル

【発売】　株式会社　サ イ エ ン ス 社

〒151-0051　東京都渋谷区千駄ヶ谷 1 丁目 3 番 25 号
営業 ☎ (03)5474-8500（代）　振替 00170-7-2387
FAX ☎ (03)5474-8900

印刷 太洋社　　製本 ブックアート

《検印省略》

本書の内容を無断で複写複製することは，著作者および出
版社の権利を侵害することがありますので，その場合には
あらかじめ小社あて許諾をお求め下さい.

ISBN978-4-86481-062-3

PRINTED IN JAPAN

サイエンス社・数理工学社の
ホームページのご案内
http://www.saiensu.co.jp
ご意見・ご要望は
suuri@saiensu.co.jp　まで.

═━═━═━━ **ライブラリ 物理の演習しよう** ━━═━═━═

演習しよう 電磁気学
これでマスター！ 学期末・大学院入試問題
鈴木監修　羽部・榎本共著　2色刷・A5・本体2200円

演習しよう 量子力学
これでマスター！ 学期末・大学院入試問題
鈴木・大谷共著　2色刷・A5・本体2450円

演習しよう 熱・統計力学
これでマスター！ 学期末・大学院入試問題
鈴木監修　北著　2色刷・A5・本体2000円

演習しよう 物理数学
これでマスター！ 学期末・大学院入試問題
鈴木監修　引原著　2色刷・A5・本体2400円

演習しよう 振動・波動
これでマスター！ 学期末・大学院入試問題
鈴木監修　引原著　2色刷・A5・本体1800円

＊表示価格は全て税抜きです.

━━═━═━**発行・数理工学社／発売・サイエンス社**━━═━═━